# 波浪作用下海底斜坡稳定性评价方法

年廷凯　著

中国建材工业出版社

**图书在版编目（CIP）数据**

波浪作用下海底斜坡稳定性评价方法/年廷凯著
. --北京：中国建材工业出版社，2017.12
ISBN 978-7-5160-2111-8

Ⅰ.①波… Ⅱ.①年… Ⅲ.①波浪—作用—海底—斜坡稳定性—研究 Ⅳ.①P737.2

中国版本图书馆 CIP 数据核字（2017）第 310142 号

## 内 容 简 介

本书基于塑性力学极限分析运动学方法和有限元强度折减数值方法，对当前海底斜坡稳定性评价中存在的关键科学问题进行了深入分析，提出了波浪荷载作用下海底斜坡稳定性评价的数值与解析方法。书中重点研究了海底斜坡的稳定性与破坏模式及滑坡机制，包括线性与非线性波浪、拟静力地震荷载、工程扰动状态等复杂环境，也涉及软黏土灵敏度、土体强度分布的非均质性、海底斜坡多土层分布、坡长小于一个波长等特殊工况。这些内容不仅能促进海洋岩土工程与地质灾害的科学理论发展，而且可以指导海洋工程实践。

本书可供从事海洋土力学与岩土工程、海洋工程地质、海洋环境地质和灾害地质、海洋工程、海洋科学等领域的科研人员和高校师生参考，亦可供从事海洋工程勘察、设计、施工的相关企业技术人员参考。

**波浪作用下海底斜坡稳定性评价方法**

年廷凯 著

出版发行：中国建材工业出版社

地　　址：北京市海淀区三里河路 1 号

邮　　编：100044

经　　销：全国各地新华书店

印　　刷：北京雁林吉兆印刷有限公司

开　　本：787mm×1092mm　　1/16

印　　张：7.5

字　　数：180 千字

版　　次：2017 年 12 月第 1 版

印　　次：2017 年 12 月第 1 次

定　　价：**58.00 元**

本社网址：www.jccbs.com　　微信公众号：zgjcgycbs

本书如出现印装质量问题，由我社市场营销部负责调换。联系电话：(010)88386906

# 前　　言

　　海底滑坡是近海三角洲、大陆架和大陆坡、深海海底常见的一种海洋地质灾害，一旦发生海底滑坡，将对海底管线和海洋平台等基础设施造成危害，严重时威胁海洋平台的稳定与安全。因此，海底斜坡稳定性评价与滑坡演化机制研究已经成为当前海洋岩土工程与工程地质灾害研究领域的热点问题。然而由于问题的复杂性，关于波浪作用下海底斜坡的稳定性评价、海底滑坡的发生机理仍没有彻底解决，目前主要采用极限平衡法分析海底斜坡的稳定性，但该法只能给出问题的近似解答，无法揭示海底斜坡失稳的破坏模式和滑坡演化机制，亟需开展深入而系统的理论分析与创新方法研究，发展海底斜坡稳定性评价的实用化分析方法；特别是针对复杂荷载和地质环境及特殊工况下的多土层海底斜坡问题，其稳定性分析理论与评价方法仍无显著进展。为此，引入塑性力学极限分析运动学方法和强度折减有限元数值方法，对当前海底斜坡稳定性评价中存在的关键科学问题进行了深入分析，重点研究了线性与非线性波浪（二阶 Stokes 波）、极端波浪参数、拟静力地震荷载、工程扰动环境和软黏土灵敏度、土体强度分布的非均质性、多土层海底斜坡、坡长小于一个波长等复杂工况下海底斜坡的稳定性与破坏模式及滑坡机制，提出了波浪荷载作用下海底斜坡稳定性评价的数值与解析方法，为海底管线和海洋平台等基础设施建设与工程防护及防灾减灾提供技术支持。

　　本书共分 7 章，第 1 章介绍海底滑坡的国内外研究现状与发展趋势，指出海底斜坡稳定性评价中存在的主要问题，并引出本书的主要内容。

　　第 2 章介绍海底斜坡极限分析方法的基本理论、强度折减极限分析方法及计算程序实施。

　　第 3 章介绍简化波压力作用下海底斜坡稳定性的极限分析运动学方法。简化一阶波浪理论中波浪荷载对海床压力分布的理论公式，将其应用于波浪作用下海底斜坡极限状态方程中，求解考虑波浪力作用的海底斜坡安全系数和潜在滑动面。针对典型算例，探讨了不同波浪参数（如波长、波高及水深）对海底斜坡稳定性的影响。

　　第 4 章介绍了线性波压力作用下海底斜坡稳定性的上限极限分析方法。考虑线性波浪作用，基于极限分析上限方法与线性波压力理论，推导了波压力对斜坡海床的做功功率，同斜坡海床重力做功功率一起引入到虚功率方程中，建立了波浪作用下斜坡海床稳定性的极限状态方程；引入数值积分技术，结合最优化方法，求解了不同时刻海底斜坡的安全系数，并深入探讨了不同波浪参数（波高、波长、水深）与坡长小于一个波长等条件下海底斜坡稳定性。

第 5 章介绍了非线性波加载条件下海底斜坡稳定性的上限极限分析方法。采用二阶 Stokes 波浪理论求解波压力，运用极限分析上限定理，建立了考虑非线性波荷载作用的海底斜坡稳定性上限解法。在此基础上，结合一黏土质海底斜坡，分别考虑线性波与二阶 Stokes 波作用，探讨波长、波高、水深等因素对海底斜坡稳定性的影响规律。

第 6 章介绍了复杂环境下的海底斜坡稳定性解析方法。将极限分析上限方法拓展到了复杂环境下海底斜坡的稳定性上限分析中。考虑工程施工扰动，引入扰动度的定义，对不同扰动环境下不同灵敏度的海底斜坡稳定性进行了上限分析。进一步考虑土体黏聚力随深度分布的非均质性，推导了海底斜坡的内能耗散功率，从而建立了非均质性海底斜坡稳定性的上限解法。以多土层海底斜坡为研究对象，构造一组合对数螺线破坏机构，选择旋转中心与滑入点作为独立变量，实现了波浪与地震荷载共同作用下多土层海底斜坡的稳定性上限分析，进一步拓展了极限分析上限方法在海底斜坡稳定性分析中的适用范围，最终将该方法应用于一实例海底斜坡评价。

第 7 章介绍了波浪作用下海底斜坡稳定性评价的弹塑性有限元数值方法。以大型有限元软件 ABAQUS 中的荷载模块为基础，添加一阶波浪力加载模式，实现波浪力作用下海底斜坡稳定性的二维弹塑性有限元分析与强度折减数值计算。基于典型算例，开展变动参数计算，深入探讨不同波浪参数、海底压力与水深等对计算结果的影响以及波浪力作用下海底斜坡潜在滑动面的变化规律，并将数值计算结果与极限分析上限方法所得解析解进行对比验证。在此基础上，考虑波浪力的影响，对厦门沪救码头近岸海底斜坡的稳定性及破坏模式进行数值分析，获得波浪荷载下海底斜坡这一实际波浪作用下海底斜坡稳定性的极限分析上限方法和数值分析问题的初步认识。

在本书稿完成之际，作者忆起栾茂田教授在海洋土力学与岩土工程领域给予作者的指导和帮助，在此表示由衷的感激；感谢所在的大连理工大学海岸和近海工程国家重点实验室各位同仁一直以来对作者在海洋土力学与防灾工程、地质灾害动力学与减灾技术领域科研工作的支持；感谢国际地质灾害与减灾协会、国家海洋局第一海洋研究所、中国地质调查局青岛海洋地质研究所、中国海洋大学、中国地震局工程力学研究所、辽宁地质海上工程勘察院有关专家在海洋地质调查及滑坡稳定性评价方面给予的支持和帮助。感谢课题组研究生刘博、刘敏、范宁、焦厚滨、霍沿东、鲁双等在相关专题研究中做出的贡献。本书主要内容是在作者指导的部分研究生学位论文的基础上发展起来的，部分成果尚未公开发表过；在本书撰写过程中，硕士生刘敏、霍沿东提供了许多帮助，在此表示衷心的感谢！本书的部分研究成果得到了国家自然科学基金（No. 41427803，No. 51579032）、深部岩土力学与地下工程国家重点实验室基金（No. SKLGDUEK1307）、国土资源部海洋油气资源与环境地质重点实验室基金（No. MRE201304）、山东省海洋环境地质工程重点实验室基金（No. MEGE1603）及国家自然科学基金委南海东北部及吕宋海峡共享航次科学考察项目的资助，在此表示衷心的感谢。本书能够顺利出版，还要感谢中国建材工业出版社的领导和责任编辑的大力支持。

由于海洋土、海水、波浪流或地震等交织在一起，错综复杂，其稳定性与滑坡发生机制问题，受海洋土性状、土—水相互作用、环境荷载、工程地质条件等影响，海底滑坡在短期内尚难完全弄清楚，其评价理论和计算方法离实际仍有一定差距。因此，进行系统性的深入探索研究，仍是一项富有挑战性的工作。作者希望本书能对从事海洋工程地质调查、海底斜坡稳定性评价、海底滑坡灾害预测与避险、海洋工程防灾减灾的广大设计、施工技术人员及科研、教学人员和研究生有所帮助。鉴于海底滑坡相关问题研究还在不断发展、完善阶段，有一些理论和认识还有争议，一些方法还不成熟，加上著者水平所限，书中难免有疏漏和不妥之处，恳请专家和读者批评指正。对于书中所引用文献的众多作者（列出的和未列出的）表示诚挚的谢意！

作　者

2017 年 6 月于大连

# 目　　录

# 第1章 绪 论

## 1.1 引 言

随着科学技术的不断进步与发展，人类的脚步开始由陆地走向海洋。近几十年来，人类发现海洋含有丰富的油气资源。据统计，全世界范围内海洋石油储量为1450亿t，约占全球石油总储量的34％（中国海洋学会，1998），这一发现极大促进了世界各国对海洋资源的开发，海洋开发已经成为当前任何一个拥有海洋资源的国家发展战略中的重中之重。

中国作为世界上第二大能源消耗国，能源短缺问题日益凸显，严重制约着我国经济的快速发展。然而，我国拥有约300万km²的海洋国土，海岸线长达18000km，蕴含着丰富的油气资源；截至2008年，已探明的海洋石油资源量达到了246亿t，占全国石油资源总量的23％，海洋天然气资源量为16亿m³，占总量的30％（中国油气勘探，1999；徐嘉信等，2001）。因此，海洋油气资源的开发已成为我国的必然趋势（黄建钢，2007）。海底输油管道作为一种输送流体或气体介质的工具，具有输送连续、效率高、输送量大、成本低等诸多优点，是海上油气田开发中油气输送的主要方式。随着我国对海洋资源开发力度的加大，不仅需要铺设大量的海底管线，而且还需建设各种海洋工程基础设施，如石油钻井平台、储油基地等。除此之外，为了经济的快速发展，还在海底建造了大量的通信设备海底电缆以及海底隧道。

然而，海洋环境复杂多变，地震、海啸、火山喷发和海底滑坡等自然灾害时常发生，这势必会影响这些海洋基础设施的安全和正常运行。尤其是海底滑坡（图1.1所示），斜坡失稳后形成的泥流可以迁移数百公里，并对海底基础设施造成毁灭性破坏（Macpherson，1978；Masson等，2006；Parker等，2008；Mosher等，2010），这使得人类对于海洋地质灾害的研究变得越来越迫切。海底滑坡与陆地滑坡不同，其具有坡度缓、规模大、荷载条件复杂等特点（顾小芸，1989；Hampton等，1996），由于长期受海水冲刷、浸泡，导致斜坡土体结构松散，强度降低，在外部荷载作用下，即使坡度很小的斜坡也极易发生大范围滑动（尹延鸿，1995；冯启民等，2005）。近几百年来，世界范围内已发生的海底滑坡事故已数不胜数，世界范围的海底滑坡分布图1.2所示。据Milne统计，在1616～1886年期间，世界上由于地震、火山喷发等引发的海底斜坡失稳事件达333次，大量的电缆在滑坡过程中遭到破坏，损失不计其数（Saxov，1990）。此外，1888年，挪威特隆赫姆湾在水深100m、距离海岸1500m处发生的海底滑坡，随着滑坡后缘向内陆方向发育，导致沿海岸线的三条铁路受到严重的破坏，影响交通的正常运行（Summerhayes等，1979；Wynn等，2000）。

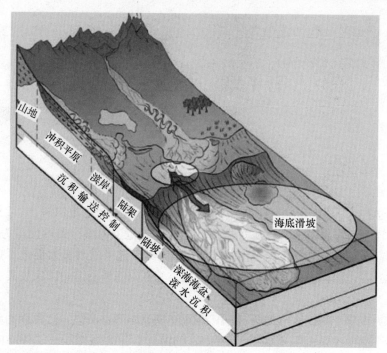

图 1.1　海底滑坡示意图（马云，2014）

　　人类进入 20 世纪以来，全球海底滑坡现象亦非常频繁。如 1929 年 11 月 18 日，发生在纽芬兰岛以南 280 海里处的特大海底滑坡，滑坡体体积达 200km³，滑坡土体在水流的作用下转化成浊流，携带着泥沙以大约 60～100km/h 的速度向东移动了 1000km，造成 12 根海底电缆被切断，滑坡引发的海啸造成 27 人死亡，是加拿大有史以来最大的海洋地质灾害（Heezen 等，1952，1964；Piper 等，1999）；1946 年温哥华岛 7.2 级地震诱发佐治亚海峡深湾及 Grief point 海底斜坡发生滑动，滑动的沉积层对 Texada 岛与主岛之间的电缆造成了严重的损坏，海上的一艘船被诱发的海啸波吞没（Locat，2002）；1964 年，发生在阿拉斯加的海底滑坡，造成财产损失达 4.5 亿美元，伤亡 130 余人（Haeussler 等，2008）；1969 年，发生在美国密西西比河三角洲的海底滑坡（图 1.3 所示），导致南 70 通道 B 平台破坏，财产损失达 1 亿美元（Bea 等，1971；Earle 等，1975）；1979 年，法国海岸的 Nice airport 海底滑坡，其滑坡体体积达到 0.15km³，滑坡之后引发的海啸对海岸周边造成了巨大的破坏，导致 11 人伤亡（Dan 等，2007）；1998 年，巴布亚新几内亚近海发生海底滑坡，滑坡引发的海啸波及整个东南亚地区，给当地人民造成了巨额的财产损失，伤亡高达 3000 人（Tappin 等，1999）；2006 年，中国南海大陆架海床在地震诱发下发生大规模滑坡，导致海底电缆严重损毁（陈颙，2007）；2009 年，日本骏河湾发生地震导致海底滑坡，斜坡区的两条水管线遭到破坏（Matsumoto 等，2011）；2011 年，日本东北近海在地震期间发生了长 10km、宽 2～3km 的海底滑坡，滑坡后产生的次生灾害——海啸，给当地沿海居民的房屋建筑造成了巨大破坏（Strasser 等，2015），这一系列海底滑坡造成的灾难触目惊心，给人类的生命与财产造成了严重的危害。

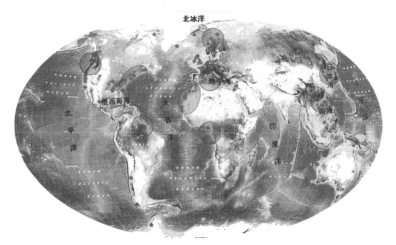

图 1.2（a）　世界范围内海底滑坡分布图（马云，2014）

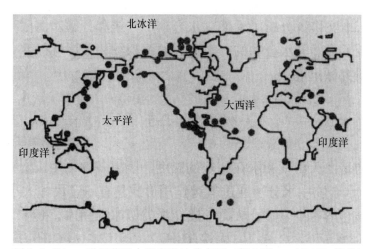

图 1.2（b）　世界范围内海底滑坡分布图（据 Milkov（2000）修改）

图 1.3　密西西比河三角洲海底滑坡（Teb Moon　摄于 2006）

海底滑坡作为一种常见的海洋灾害，能将沉积物运移数百千米，导致海洋平台倾覆、海底铺设的输油管线扭曲，同时还可能引发破坏性极大的次生灾害——海啸（周建平等，2008；Kawamura 等，2015），威胁沿海居民的生命与财产安全，因此对海底滑坡的发生机理、稳定性评价及地质灾害风险分析，引起了国内外学者的高度重视。在海洋工程领域，海底输油气管线、通讯光缆、海洋平台等基础设施往往建在或穿越斜坡海床，考虑到长期运行的安全，其选址也是必须考虑海底滑坡问题，因此研究海底斜坡的稳定性对于维护海洋平台等构造物的长期安全具有重要的现实意义。

## 1.2　海底滑坡研究现状

### 1.2.1　地质调查

海底滑坡是近海大陆架与深海海底发生的一种海洋地质灾害，由于其处在水下，其发生破坏的具体时间与准确位置都无法预测，即使发生也很难直接观测到，因此人们对其知之甚少。近几十年来，随着海洋工程的不断建设与海底滑坡地质灾害事件的频繁发生，人们才逐渐意识到海底滑坡的危害性，开始对其稳定性进行研究。最早开展这方面研究的是 Terzaghi（1956），20 世纪 50 年代，他对斜坡海床的稳定性进行了调查研究，发现一定坡度的软弱土斜坡海床会在重力作用下诱发滑动。20 世纪 70 年代，卡米尔飓风诱发美国密西西比河三角洲海底平台滑移，造成 1 亿多美元的经济损失，这一重大事故促成了以美国地质调查局为主，会同其他地质部门和部分高校对密西西比河水下三角洲进行了特定海域海底不稳定性系统研究（Coleman，1983；卫聪聪，2009）。然而，由于受当时探测设备的限制，学者们只能粗略地对海底滑坡进行观测，了解其发生的海底地形条件、可能的诱发因素以及海底滑坡后土体的一些基本特征等。随着声纳探测学、地震勘探学的快速发展以及许多先进探测设备，如侧扫声纳仪、高分辨率地震勘探仪、高分辨率底层剖面仪以及多波束探测系统、全球定位系统等的问世与应用，才使得获取更详细海底地质资料成为可能，海底斜坡的稳定性研究也跨入了一个新的台阶（Clarke 等，1996；McAdoo 等，2000；Locat，2000；Bruce 等，2001；Haflidason 等，2004；Hühnerbach 等，2004；Canals，2004，胡光海等，2006）。1984 年，Okusa 等采用精密的测量设备对日本 Shimizu 港附近海底孔隙水压力的变化趋势进行了持续观察，获得了波浪持续作用下孔压随时间的变化曲线，这为现今的理论研究提供了科学依据。美国的 STRATAFORM 计划专门对 Ele 河海底地质灾害进行了调查，发现了世界上著名的洪堡德滑坡（常方强，2009）。1974～2000 年期间，日本先后进行了三轮的海洋地质调查计划，包括 1974 的 1∶5 万和 1∶20 万的"大陆架基础地质调查计划"、1979 年的"大陆架详查计划"、1983 年实施的 1∶50 万专属经济区调查，几乎掌握了日本近海大陆架区域的地质情况（孙振娟，2013）。2001 年～2002 年，加拿大地质调查局大西洋分部联合其他部门采用超高精度和高精度的地震探测仪器及现场调查仪器对 Hudson 湾到格兰特滩、Hudson 湾的深水区、Hudson 湾到 Scotia 半岛的大陆边缘、Saguenay 峡湾、Outardes 三角洲区、加拿大西岸等海域进行了详细调查研究，建立了海底沉积物物理力学性质数据库，为评价斜坡稳定性提供了依据（刘乐军，2004；常方强，2009）。2004 年，Haflidason 等人采用旁扫声呐技术、高分辨率的地震剖面仪系统对挪威 Storegga 滑坡地质情况进行了调查研究，获得了海底沉积物性质和结构变化特征。此外，20 年世纪 90 年至今，北美、欧洲、日本等国家联合联合国教科文组织和国际地球科学联盟等国际组织开展了一系列海底滑坡的专项研究项目，主要有大陆边缘沉积过程研究（1995～2001 年）、欧洲大陆斜坡稳定性研究（2000～2004 年）、国际地质对比计划工程 511（2005～2009 年）和 585（2010～2014 年）等（Locat 等，2002；胡光海等，2006；缪成章，2007；常方强，2009；刘锋，2010；杨晓云，2010；杨林青，2012；史慧杰等，2013；马云；2014；刘博；2014；周庆杰，2015）；同时围绕这些项目还举办了一系列的专题报告会，如：2003 年的法国尼斯报告会、2005 年挪威奥斯陆报告会、2007 年希腊圣托里尼报告会、2009 年美国奥斯丁报告会、2011 年日本京都报告会等（马云，2014）。

相比其他国家而言，我国的研究起步相对较晚。最早始于 1958 年的"中国近海综合调查及开发"项目，34 个参加单位对渤海、黄海、东海及南海北部近海海域 78.9 万 $km^2$ 的地质、地貌、水文等进行了综合普查，并绘制了 1：100 万～1：500 万比例尺图幅（孙振娟，2010；张延清，2013）。进入 20 世纪 80 年代，青岛海洋大学河口海岸带研究所相继开展了《渤海中南部及黄河口沉积动力学研究》与《中国河口主要沉积动力过程及其应用》项目的研究，对黄河口水下斜坡的不稳定性进行深入研究，分析论述了黄河口三角洲区域（图 1.4 所示）的坍塌、滑坡、沉积物重力流等块体运动，揭示了黄河口沉积动力过程及河口灾害地质现象（杨作升等，1991；叶银灿等，2012）。1986～1991 年，我国使用多波束测深系统、高分辨率侧扫声纳仪、三维地震探测仪等高精度仪器对珠江口盆地的海岸进行了地质调查，获得了水深在 50～200m 范围内的石油开发区工程地质评价，为后来的油气资源开发和国际合作与交流做出了一定的贡献（广州地质调查局，2005；刘博，2014；夏真等，2014）。1990～1995 年，国家海洋局、地质矿产部等部委参加了"八五"重点项目"中国海岛资源综合调查"，摸清了我国海岛的基本情况，为海岛经济社会环境协调发展提供了科学依据（马志华，1996；杨林青，2012）。1997～2001 年间，国家海洋局组织实施了"我国专属经济区和大陆架勘测"项目，内容包括灾害地质环境调查和评价（李培英等，2003；杜军等，2004）。2003 年，我国又进一步开展了"我国近海海洋综合调查和评价专项"（"908"专项）调查研究。调查范围包括内水、领海和领海以外部分海域，总面积达 $67.6 \times 10^4 km^2$。海洋灾害调查是该专项的重要内容，主要有：台风、风暴潮、巨浪、海啸、海水灾害等海洋环境灾害调查，海岸侵蚀、海水入侵、土地盐渍化、湿地退化和海底滑坡、海床砂土液化等海洋地质灾害调查（叶银灿等，2012）。此外，还有 2002 年中国地质调查局南海幅和永暑礁幅 1：100 万海洋区域地质调查（邱燕等，2006），2006 年实施的 1：1000 万上海幅和海南岛幅海洋区域地质调查（陈泓君等，2014），2008～2015 年期间由青岛海洋地质研究所和广州海洋地质调查局实施的"海洋地质保障工程"等（张永明等，2012）。

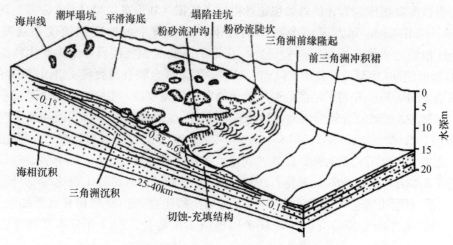

图 1.4　现代黄河口水下三角洲格局（贾永刚等，2000）

### 1.2.2　破坏类型

由于海底地质环境多样、地质构造条件、水动力条件复杂等原因，海底滑坡在发育规模、发生机制及运动方式等方面非常独特，与陆地滑坡截然不同（刘乐军，2004）。为了更好认识与理解海洋土失稳的运动规律，海底滑坡破坏类型的研究显得尤为重要。

最早对海底斜坡破坏类型研究的是 Dott，他根据滑坡后海底地形探测资料，将海底滑坡分为塌陷、滑动、块状流和浊流四个类型。1972 年，Pettijohn 等把蠕动纳入海底滑坡范畴，进一步把破坏类型划分滑动、滑塌和蠕动，并指出滑动代表较大位移的变形，滑塌一般指局部运动，蠕动是缓慢的顺坡运动。Moore（1977）在 Vaines（1958）提出的陆地滑坡分类基础上进行了修改，从物质状态的角度对海底滑坡进行了重新分类，分为塌陷、滑动和流动。Nardin 等（1979）从力学特性的角度，根据沉积物从陆地向深海运移过程的块体运动形态，将海底滑坡划分为岩崩与滑动、块体流、粘性流三类。块体流又进一步分为碎屑流、泥流与塑性颗粒流；粘性流细分为粘性颗粒流、液化流与浊流。Mulder 等（1998）根据海洋块体运动形式、结构特征以及破坏面形状将其划分为三种类型：滑动或滑塌、塑性流、浊流，并分析了海底滑坡整个运动过程中各类运动类型的动态关系。到了 21 世纪初，Locat 等（2002）在总结前人研究成果的基础上，结合国际土力学与土木工程技术委员会的陆地滑坡分类方案，建立了海底滑坡分类模式，如图 1.5 所示。根据滑坡机理将海底滑坡分为滑动、倾倒、扩张、坠落、流动五种类型；滑动模式又细分为平移滑动与旋转滑动，而坠落与流动被细分为崩流、碎屑流和泥流。该分类方法几乎包含了海底滑坡的所有破坏类型，但却无法反映各种破坏类型之间的相互影响关系。

2004 年，Canal 等又进一步对 Locat 的分类方法进行了发展完善，把海底滑坡重新划分为蠕变、崩落、滑动或滑移、碎屑流以及泥流五类，并对各类运动的基本特征进行了总结，这些特征包括破坏特征、滑面形状以及力学行为等。在这其中，Canal 强调了蠕变对于海底斜坡失稳起到了极大的作用，蠕变常发生在粘质海底，并且可以随时间演变成为滑坡或者碎屑流，也是发生海底失稳的前期过程，值得关注（Marsset 等，2004）。2006 年，Masson 等在 Mulder 分类的基础上进行了修改，将破坏类型划分为滑动、岩屑崩落、碎屑流、浊流，并指出滑动、碎屑流、浊流是沉积物顺坡运移的主要重力驱动过程。2007 年，Weimer 等提出了一个新的概念"块体搬运复合体系"简称 MTCs 来描述深水沉积物的搬运机制；Moscardelli & Wood（2008）对这种体系进行了分类，分为块体搬运复合体（简称 MTC）与浊流，块体搬运复合体又可细分为滑动、滑塌与碎屑流，如图 1.6 所示。Kalligeris 等（2010）认为海底滑坡包括斜坡海床破坏的所有类型，很大程度上继承了 Locat（2002）对海底滑坡的分类，并对每类破坏形式进行了归纳总结，使各种海底滑坡类型易于区分辨别。Shanmugam 等（2015）认为块体搬运体系（简称 MTD）的所有类型都属于海底滑坡的范畴，将海底滑坡划分为滑动、滑塌、碎屑流、倾倒、蠕变、岩屑崩落。

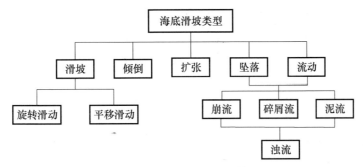

图 1.5　海底滑坡分类（Locat 等，2002）

| 分类 | | 图解 |
|---|---|---|
| 块体搬运复合体系 | 块体搬运复合体 | 滑动  |
| | | 滑塌  |
| | | 碎屑流  |
| | 浊流 |  |

图 1.6　MTCs 分类图解（Moscardelli 等，2008）

与国外相比，我国在海底滑坡研究方面起步较晚。近年来，随着对海底滑坡的深入研究，国内学者在海底斜坡破坏类型方面也取得了一定的进展。如陈自生（1988）根据构造和形态特征将海底斜坡的破坏类型分为三类，分别为溜席型、液化型、崩塌型。寇养琦（1990）为了便于分析南海北部的海底滑坡，根据海底滑坡的空间形态，将破坏模式分为块状滑坡、层状滑坡与混合型滑坡三类；随后又结合海底滑坡的空间位置及滑坡体剪切面形态等因素，再次将海底滑坡划分为直移型、旋转型、坍塌性（寇养琦，1993）。林振宏等（1990）与杨作升等（1993）通过对海底斜坡的不稳定性进行调查分析，认为海底斜坡的破坏类型可分为海底坍塌、海底滑坡与流动三类。海底坍塌只限于近乎直立斜坡地区岩石、泥和沙粒的自由塌落；而海底滑坡是岩石与松软沉积斜坡的主要破坏类型，根据滑坡形状又分为瓶颈状滑坡、浅层板状滑坡或平移滑坡、浅层旋转滑坡。杨作升等（1994）对与海底滑坡相关的分类进行了系统的阐述，该分类方式将海底滑坡分为三类，将坍塌与海底滑坡分离，并将重力流与海底滑坡区别开来，这种分类方式对国内海底滑坡的划分产生了较大影响。李广雪等（2000）、范时清等（2004）、李海东等（2006）、吴时国等（2007）都采用这种分类方式对具体研究区域的海底斜坡失稳类型进行了划分。与此同时，海底滑坡的概念开始向广义方向发展，逐步走向泛化。吴崇泽等（1993）将崩塌纳入到海底滑坡范畴，并指出海底斜坡不稳定性最为普遍的表现形式就是海底滑坡，包括圆弧形、层滑滑坡与崩塌滑坡。贾永刚等（2000）又进一步将流动纳入了海底滑坡的范畴，海底滑坡包括滑坡、崩塌、流动，流动根据其运动方式与物质组成可细分为液化流、蠕流、颗粒流、浊流。吴时国等（2009）和王大伟等（2009）等提出了块体搬运沉积体系的概念来描述外陆架或大陆坡沉积物的搬运机制，包括滑动、滑塌和碎屑流，这种分类方式与国外的的 MTCs、MTD 分类方式的内涵基本是一致的。近年来，虽然仍有一些学者认为沉积物重力流不属于海底滑坡的范畴，但泛化的海底滑坡概念已经被众多学者（李细兵等，2010；李伟等，2013；马云，2014；年永吉等，2014；朱超祁等，2015）所认可，成为了当今的主流。

尽管学者们对海底滑坡破坏模式的分类方法不尽相同，但其内涵基本是相似的。一般而言，海底滑坡实际是不同时期不同类型滑坡的复合体，并且在运动过程中，由于水动力环境的影响，其力学特性与结构特征会发生改变，同时伴随着破坏类型的转变。因此，在对海底斜坡的风险评估过程中，应综合考虑这些失稳破坏模式（Locat 等，2002）。

### 1.2.3  诱发因素

海底滑坡实质上就是海底斜坡土体能量释放导致土体发生解离滑移的过程。关于海底滑坡的触发机制，一直以来都是海底滑坡领域的重点研究问题。由于海底斜坡所处的海洋环境复杂多变，因此诱发其失稳的因素也是多方面的（Karlsrud 等，1982）。1982年，Prior 和 Coleman 对诱发海底斜坡失稳的各种因素进行了概括总结，并建立了诱发因素与触发过程的关系图，如图 1.7 所示。Lee 等（2002）又进一步总结了引起海底斜坡初始破坏的主要外因，包括火山喷发、地震运动、风暴潮、天然气水合物分解、削峭作用、潮位变换、孔隙气作用、渗流作用以及高纬度冰川活动。此外，Locat（2002）又进一步指出触发海底滑坡的控制因素除了上述列举的因素外，还有一些不起初始破坏作用的因素，包括卸载作用、人类活动以及海底斜坡坡度等。

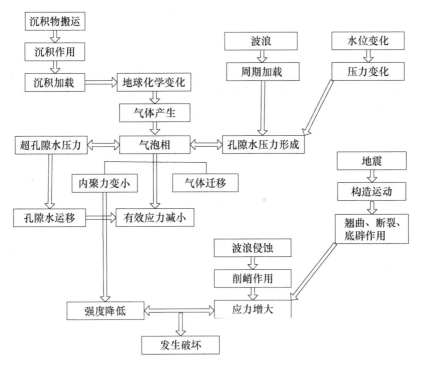

图 1.7　海底滑坡触发因素和过程的相互关系（Prior & Coleman，1982）

在众多诱发因素中，海底地震是引起海底滑坡最常见且频繁的诱发因素。2003 年，Hance 对已发生的 366 个海底滑坡事故的诱发因素进行了统计分析，发现地震诱发的海底滑坡占统计总滑坡的 43%。地震不仅会使斜坡土体的水平方向和垂直方向的应力增大，而且其振动作用还会引起松散颗粒沉积物超孔隙水压力增大、土体有效应力降低，甚至导致土体液化。Locat 指出，发生在 Saint-Laurent 湾的海底滑坡就是由于地震使海床发生强烈的液化，土体强度降低而引起的。Boulanger 等（1998）也指出，地震会导致土体松散，大量碎屑物发生流动从而诱发滑坡。邱强等（1976）认为黄河口地区地质条件的不稳定性很可能是由于历史上发生的几次里氏 7～7.5 级大地震造成的。Kawamura 等（2012）与 Strasser 等（2015）指出，2011 年发生在日本东北近海的大规模海底滑坡是由期间发生的矩震级 Mw9.0 地震诱发的。因此，对地震多发海域的海底斜坡进行稳定性评价时，地震应该作为重要诱发因素进行考虑。

在火山活跃的区域，火山喷发也是引发海底滑坡的主要因素。火山岛区海底沉积物具有孔隙大强度低等特点，在火山岩浆和气体的高温高压作用下，海底斜坡极易发生失稳滑动。Tinti（2005）指出，发生在意大利伊特鲁里亚海域特隆博利岛西北海岸的大规模海底滑坡就是由于火山喷发而引发的。1997 年，Urgeles 发现在西班牙加那利群岛的水下滑坡块体运动与夏威夷火山群岛下的水下滑坡非常相似，认为这里海底滑坡的发育与海底火山有很大关联，见图 1.8。李细兵等（2010）对北吕宋海槽的地形地貌特征进行了调查分析，并指出此区域部分滑坡的形成可能与火山喷发有关。

图1.8　加那利群岛水下滑坡（Locat 等，2002）

Hampton 等（1982）指出土体颗粒中气泡与水压的存在会降低土体的抗剪强度。因此，对于富含天然气水合物区域的海底滑坡而言，天然气水合物的分解对滑坡的诱发起着至关重要的作用（王淑云等，2008；Sultan 等，2004；蔡峰等，2011）。天然气水合物是在低温高压条件下形成的一种固态物质，简称可燃冰，但其物理性质极不稳定，当外界温度升高（如全球变暖等）、压强降低（海平面下降）、外力剧烈扰动（施工因素或其他外力等）时，天然气水合物稳定性将会发生改变，部分水合物将会分解释放出去气体，释放出的气体和水充满在土颗粒的空隙中。水合物的分解使原来的天然气水合物稳定带由半胶结状态转变成了充满气体与水压的状态，导致斜坡土体的胶结强度降低，当降低到无法抵抗外力的作用时将会失稳发生滑动。在世界海域范围内由天然气水合物分解引发的海底滑坡有许多（Dawson 等，1988；Evans 等，1996；Hu 等，2004；史慧杰等，2013；倪玉根等，2013），如挪威近海域的 Storegga 滑坡（图1.9所示）、美国东海岸南卡罗来纳大陆隆上 Cape Fear 滑坡、巴西东北部大陆边缘的亚马逊扇、美国阿拉斯加北部 Beaufort Sea 陆坡滑坡以及西地中海巴利阿里盆地中的巨浊积层。此外，我国珠江口海域发生的白云凹陷滑坡以及南海神狐海域内的海底滑坡也与天然气水合物的分解有很大关联（张树林，2007；孙运宝等，2008；吴时国等，2008；朱林等，2015；陈泓君等，2012；陈珊珊等，2012；朱林等，2015；秦柯等，2015）。

一些近海岸区域发生的海底滑坡，可能与潮汐的涨落有关。潮位的变化，一方面使作用在斜坡海床表面上荷载波动，导致孔隙水压力增加，有效应力降低；另一方面潮水回落时导致土体产生压力差，引起渗流。Koppejan（1948）观测到荷兰 Zeeland 地区松散细砂有流动滑坡发生，并认为潮汐涨落是主要的诱发因素。Terzaghi 等（1956）进一步研究表明，Zeeland 的破坏与退潮时地下水回流引起的渗透压有关。Wells 等（1981）也在 Surinam 潮间泥潭上发现了许多小型水下流动滑坡，并指出滑坡体的移动都是在落潮循环的最后阶段开始的。Prior 等（1982）对1975年发生在 Kitimat 河口的大规模滑坡（图1.10所示）进行了报道，报道称此次滑坡是在最大潮差出现的一个小时之后发生的，并指出潮位变化是其主要的诱发因素之一。Cornforth 等（1996）认为发生在1994年的美国阿拉斯加 Skagway 港海底滑坡事故也是由潮汐引起的。

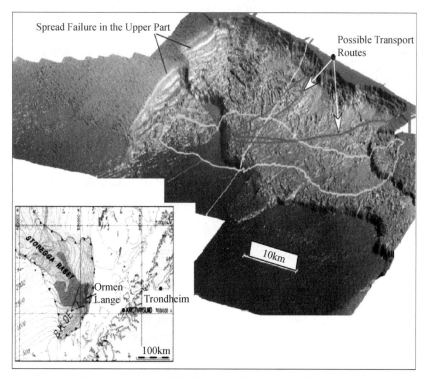

图 1.9  Storegga 滑坡的 3D 全景图（Locat 等，2002）

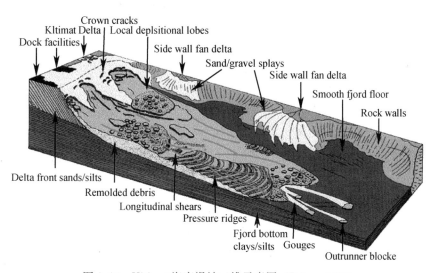

图 1.10  Kitimat 海底滑坡三维示意图（Prior，1984）

　　在三角洲与河流入海口地区，波浪与欠固结沉积通常被认为是诱发海底斜坡失稳的主要因素。由波浪诱发海底滑坡最著名的例子是发生在 1969 年密西西比河三角洲的海底滑坡，卡尔飓风引起 20m 以上的巨浪，导致了这次大规模海底滑动，滑动面深度达到了 30m（Bea，1971）。Henkel（1970）从理论上证明了波浪诱发的波压力足以使松散沉积物沿坡方向发生滑动。2001 年，海洋地质学家 Stanley 对尼罗河 Canonic 三角洲进行了海床钻探及地震剖面探查，发现近岸地区的大规模海床滑动是由于公元 8 世纪三角洲地区的巨大风浪造成的，海床的滑动导致 Heraklein 与 Eastern Canopus 两座城市滑入海底沉没（Locat，2002）。1996 年，叶银灿等指出浙江东部海域的朱家尖岛滑坡（图 1.11 所示）是在波浪及重力综合作用下诱发的。国内的许多研究学者也调查发现（杨作升等，1994；林振宏等，1995；贾永刚等，2000；陈卫民等，2001；单红仙等，2001；贾永刚，2004；史文君，2004；孙永福等，2006；张民生，2006；贾永刚等，2007；常方强，2009；刘振夏，2010；许国辉，2011；贾永刚等，2011；常方强，2012；郑文杰，2013；杨忠年等，2015；秦柯等，2015），我国黄河三角洲、长江三角洲以及珠江三角洲区域发生的许多小型滑坡，也与波浪诱发的波压力有密切的关系。目前，学者们普遍认为波浪作用对于斜坡海床稳定性的影响深度介于 150～300m 之间，超过这一深度范围，波浪作用的影响微乎其微（Field 等，1980）。

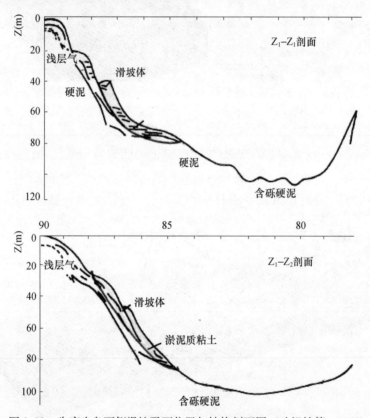

图 1.11　朱家尖岛西侧滑坡平面位置与结构剖面图（叶银灿等，1996）

除了上述列举的自然因素外，人类活动也是不可忽略的诱发因素。由于人类活动，对海底沉积物造成扰动，强度降低，从而引发滑坡。Mosher（2009）指出，不列颠哥伦比亚海岸发生的许多滑坡都与人类活动有密切联系。Johns 等（1986）人对 1975 发生在 Kitimat 河 Moon 湾码头海底滑坡进行了稳定性分析，并指出由于人类的快速施工，在荷载作用下低渗透的海床无法在短期内把孔隙水迅速排出，导致孔压急剧上升，强度降低而诱发滑坡。

以上这些诱发因素从对土体作用的力学角度大致可分为两类：一类增加斜坡土体的下滑力，另一类通过降低土体强度来减小斜坡海床的抗滑力（李家钢等，2012）。对于大多数海底滑坡而言，很少是由上述某一因素单独作用下发生的，更多的是不同时期所进行非常复杂的相互作用所致，在这些综合因素作用下，当斜坡土体的剪切应力超过土体的抗剪强度时，斜坡海床将会失稳发生滑动。

### 1.2.4　海底斜坡稳定性评价方法

海底斜坡的稳定性关系到其上的海底管线、石油钻井平台等基础设施的建设与正常运行，因此海底斜坡稳定性评价是海洋工程建设选址前的首要任务。综合国内外文献，目前对于海底斜坡稳定性评价方法大致可以归纳为四类，分别为极限平衡法、数值分析法、概率法与极限分析上限法。

**1. 极限平衡法**

在海底斜坡的稳定性评价中，极限平衡法是最常采用的方法。极限平衡法的基本理论要点是，假定边坡土体满足摩尔-库伦屈服准则，在外荷载保持不变的条件下，土体内部存在一滑动面使斜坡土体正好处于临界失稳状态。极限平衡法在边坡稳定评价中的发展历史已有 100 余年，在众多学者的努力下，理论得到了充分的发展与完善，并形成了一套完整的科学体系。这种方法理论简单，计算方便，因而边坡稳定性评价领域得到了广泛应用。

最早把极限平衡法应用到海底斜坡稳定性评价中的是 Henkel，他采用圆弧破坏模式、滑体力矩平衡法，考虑波浪荷载作用，对美国密西西比河三角洲的海底斜坡稳定性进行了分析，发现波浪诱发的波压力会导致水下 120m 深度处的软土层发生滑移破坏（Henkel，1970）。顾晓芸等（1996）采用同样的方法对浙江象山港近东海区的黏质海底斜坡稳定性进行了分析，指出此海域诱发滑坡发生的关键因素是重力，波浪对其的影响很小。随后，Finn 发展了准静态平衡分析方法，假定滑动面为任意形状，对滑坡体进行条分，并将地震与波浪荷载以准静态力形式施加于每个条分块体上，从而实现对海底斜坡的稳定性分析；宋连清等（1999）基于此种方法对地震及波浪荷载作用下岙山成品油码头斜坡海床的稳定性予以了评价，并指出与地震荷载相比，波浪对海底斜坡的稳定性影响较小，但也不容忽视。孙永福等（2006）又基于极限平衡法思想开发的 Geo-slope 软件，对 5 年一遇与 50 年一遇两种海况条件下的黄河三角洲埕岛油田海域的海底斜坡稳定性进行了定量计算，结果表明斜坡海床的上部粘质粉土层在 50 年一遇波浪条件下会发生滑移破坏。在上述的极限平衡法中，都没有考虑坡体水平向应力状态对斜坡海床稳定性的影响；刘晓丽等（2015）考虑坡体水平向应力状态，针对波浪作用下海底缓倾角无限坡提出基于滑动面处土体应力状态的滑动稳定性计算方法，并对其适用范围进行了分析。修宗祥等（2016）考虑了土体非均质性，采用基于极限平衡方法的 Geo-slope 软件对南海荔湾 3-1 气田管道路由峡谷区的典型斜坡在地震荷载下的稳定性进行了分析，结果表明地震水平加速度能明显降低该区域斜坡稳定性。此外，李安龙等（2004）、Leynaud 等（2004）、张伟等（2005）、赵维霞（2005）、许国辉（2006）、许文峰等（2008）、刘锋等（2010）、Ikari 等（2011）、张亮等（2012）、Heureux 等

（2013）、史慧杰等（2013）、周其坤（2014）、Rafael 等（2015）、方中华等（2015）、储宏宪等（2016）也都采用极限平衡法对海底斜坡的稳定性做了大量的研究工作。

但值得注意的是，极限平衡方法自身也存在一定的缺点。它忽略了滑块体自身的变形，并且把滑坡问题简化为二维平面应变问题，通常情况下这种假设与实际情况有出入，难以真实地反映实际情况。同时，极限平衡方法是在假定滑动面的前提下进行分析计算的，针对较复杂边坡得到的安全系数往往与实际情况有较大的差异，并且对于一般问题也必须进行大量的假定，搜索得到一系列的安全系数，从中选取最小值作为边坡整体安全系数，这也注定了用极限平衡法只能得到近似解。此外，极限平衡法不能分析斜坡内土体的应力-应变，对超孔隙水压力的影响也不能真实的反映。

**2. 数值分析法**

数值分析方法是一种描述土体应力-应变变化关系与本构模型的边坡变形与稳定性分析方法。该方法不仅能给出边坡各点的稳定状态，而且还能描述坡体内部应力-应变的发展过程，具有自动化可视化程度较高，模型清晰，无需假定滑动面位置与形状等优点，因而在边坡工程领域受到学者们的青睐（Henkel，1970，郑颖人等，2007）。目前，边坡稳定性评价中常采用的数值方法有：有限差分法、有限单元法、边界元法、离散元法、不连续变形分析法（DDA）及流形元法等。

在海底斜坡的稳定性评价中，最常采用的数值方法是有限单元法。Wright（1976）采用非线性变形模型，针对密西西比河三角洲南 70 通道的海底斜坡土体进行了有限元分析，并得到了重力与波浪荷载共同作用下土体的应力-应变曲线。Bea 等（1973）进一步对有限元方法进行了改进，采用复数剪切模量，针对南 70 通道海底斜坡进行了分层介质有限元计算，并指出斜坡土体是否分层，对其变形有显著的影响。Azizian 等（2001）利用有限元程序 DYNAFLOW 对 Grand Banks 滑坡进行了反分析，模拟了地震作用过程中孔隙水压力的累积效应。2003 年，Azizian 等人又进一步利用移除单元有限元程序模拟了地震作用下后退型滑坡的破坏过程，很好地解释了平坦、缓倾角斜坡海床初始失稳引起的持续破坏过程。邵广彪等（2006）基于 Seed 孔压模型与一阶线性波浪理论，对波浪与地震综合作用下海底缓坡的稳定性进行了有限元分析。沈明荣等（2006）、姜海西等（2009）考虑波浪荷载作用，应用大型有限元软件 ANSYS 对水下岩石边坡的稳定性进行了计算分析，得到了边坡破坏时内部的应力-应变与位移情况。金晓杰（2013）进一步将基于数值软件 ABAQUS 的有限元强度折减法应用到了海底斜坡稳定性分析中，并对南海某峡谷区域的海底斜坡稳定性进行了分析。曹金峰（2013）采用此方法对水合物分解引起的海底斜坡稳定性进行了模拟预测，并给出了斜坡失稳后的滑动面位置及滑动后的位移、应力等信息。刘敏等（2015）与 Nian 等（2015）基于 ABAQUS 有限元软件中的荷载模块，添加一阶波压力荷载模式，实现了波压力作用下海底斜坡稳定性与与失稳机制的弹塑性有限元数值分析，并探讨了波浪荷载对厦门码头海底斜坡稳定性的影响。修宗祥等（2016）采用基于 Abaqus 的有限元强度折减法，对南海荔湾 3-1 气田管道路由峡谷区的海底斜坡在地震条件下的稳定性进行了评价。然而，上述的有限元分析方法对地震力、波压力等动荷载进行了拟静力处理，都没有考虑荷载时间效应对稳定性的影响。Rafael 等（2015）考虑地震荷载的时间效应，利用有限元软件 PLAXIS 分别对不含软弱层与含软弱层的多土层海底斜坡的地震稳定性进行了动态分析，并给出了累积位移随时间的变化。许文峰等（2008）采用强度折减动力有限元法分析了厦门码头海底滑坡在地震荷载作用的动力响应及地震荷载与海底滑坡失稳状态之间的关系。Azizian 等（2004、2006）进一步在二维弹塑性有限元动态分析方法的基础上，发展了三维有限元动态分析方法，并针对典型三维边坡算例开展了地震稳定性数值分析，极大地丰富了有限单元法在海底斜坡稳定性分析中的应用。张恒等（2016）基于 Visual C♯ 语言平台开发了数值接口程序，实现了有限元软件 ABAQUS 对复杂地貌、地形海底斜坡的建模，并进一步分析了波浪荷载作用下舟山朱家尖岛海域海底边坡的稳定性。

很显然，与极限平衡方法相比，数值分析法具有明显的优势，尤其是处理复杂海底斜坡稳定性问题，数值分析方法可以省去大量繁杂的计算过程；但是该方法也有一定的缺陷，其计算精度很大程度上依赖于土体资料的可靠性与本构模型的合理性，而且也很难对大变形问题进行模拟，无法实现对海底滑坡后续演变过程的评价（Hutton 等，2004）。

**3. 概率法**

概率本身属于统计学的一个概念，20 世纪 70 年代后期一些学者把概率统计法这种思想应用到了斜坡稳定性可靠度分析中。在海底斜坡的稳定性分析中，有许多因素是不确定，如沉积物层面与边界条件的不确定性、土体性质的变异性、荷载及分布的不确定性以及计算模型的不确定性等，因此计算得到的安全系数应该是关于这一系列不确定性变量的函数（周育峰，2003）。与传统取确定值来表达土体特性的方法相比，概率法考虑了它们的不确定性，通过对随机土性参数进行统计分析，求取均质与标准偏差来表示土体的性质。根据已有的文献，目前常采用的概率法有两种，分别为模拟实验的 Monte Carlo 模拟法（随机模拟法）与一次二阶矩法。

2004 年，Leynaud 等采用概率随机法对挪威海域的滑坡稳定性进行了研究，他根据已有的模型试验数据与已观测数据给出了土体参数的统计学特征，并分析了震级超过 6.5 级时，这一区域发生海底滑坡的概率。2006 年，赵维霞采用同样的方法对黄河口埕口附近海域海底斜坡的稳定性进行了概率分析，由于土体参数取值随机性的影响，此区域发生滑坡的概率大约在 0～72% 之间。然而这种方法需要庞大调查资料，而且影响因素的概率模型以及可靠度分析模式的选取都会对滑坡概率的结果有很大影响，这在一定程度上增加了这种方法的应用难度。

**4. 极限分析上限法**

自 Chen（1975）把塑性极限分析方法引入边坡的稳定性分析以来，其在陆地边坡的稳定性分析中得到了广泛应用。首次把极限分析上限法引入到水下边坡稳定性分析的是 Viratjandr & Michalowski（2006），他对变动水位条件下的斜坡进行了稳定性分析，并给出了图表解。随后，安晨歌等（2011）对这种方法进行了拓展，建立了考虑天然气水合物分解形成软弱夹层的海底缓坡极限分析模型，对不同深度软弱层的海底斜坡稳定性进行了探讨。Nian 等（2014）基于上限定理建立了波浪荷载作用的海底斜坡稳定性上限解法，并深入探讨了波浪参数对稳定性的影响。年廷凯等（2016）在此基础上，考虑工程扰动的情况，对极端波浪荷载作用下的黏土质海底斜坡稳定性进行分析与评价。Sultan 等（2007）在二维极限分析上限法的基础上建立了三维极限分析上限方法，并对 Bourcart 峡谷海底斜坡的稳定性进行了分析，指出地震是诱发这个滑坡的重要因素。极限分析上限法采用的对数螺线转动破坏模式接近实际，而且能够考虑海底斜坡的浅层或深部滑动，给出的解答比极限平衡法得到的结果更精确，理论上也比数值法简单。因此，本书采用极限分析上限方法开展海底斜坡稳定性研究。

## 1.3　主要研究内容

随着海洋工程的不断建设与海洋地质灾害的频繁发生，海底斜坡滑坡的稳定性评价已经成为当今的热点问题。近年来，众多学者对海底斜坡的稳定性做了大量的研究工作，并取得了丰硕的成果。但对波浪荷载、工程施工扰动、复杂土层等特殊环境下的海底斜坡的稳定性研究很少涉及；因此，本书基于塑性力学极限分析运动学方法与强度折减弹塑性有限元数值方法，围绕海底斜坡的稳定性问题开展了数值与解析方法研究：

**1. 静水条件下海底斜坡稳定性上限分析**

将对数螺线破坏机构作为海底斜坡的潜在破坏模式，结合强度折减技术，将孔隙水压力以外荷载的形式引入到虚功率方程中，建立了静水条件下海底斜坡的极限状态方程，结合强度折减技术，通过最优化方法，搜索得到了斜坡海床的稳定性安全系数及相应临界滑动面，并通过典型算例验证了极限分析上限法在海底斜坡稳定性分析中的可行性，为后续的研究奠定了基础。

**2. 简化波压力作用下海底斜坡的稳定性上限分析**

简化一阶波浪理论中波浪荷载对海床压力分布的理论公式，并将其应用于波浪作用下海底斜坡极限状态方程中，求解得到了考虑波浪力作用的海底斜坡安全系数和潜在滑动面。针对典型算例，深入探讨了不同波浪荷载参数（如波长、波高及水深）对海底斜坡稳定性的影响。

**3. 线性波压力作用下海底斜坡稳定性上限分析**

考虑波浪荷载作用，基于极限分析上限方法与线性波压力理论，推导了波压力对斜坡海床的做功功率，同斜坡海床重力做功功率一起引入到虚功率方程中，建立了波浪作用下斜坡海床稳定性的极限状态方程；引入数值积分技术，结合最优化方法，求解了不同时刻海底斜坡的安全系数，并深入探讨了不同波浪参数（波高、波长、水深）与坡长小于一个波长等条件下的海底斜坡稳定性。

**4. 非线性波加载下海底斜坡稳定性上限分析**

采用二阶 Stokes 波浪理论求解波压力，运用极限分析上限定理，建立了考虑非线性波荷载作用的海底斜坡稳定性上限解法。在此基础上，针对一黏土质海底斜坡算例，探讨波长、波高、水深等因素对两种波（线性波、二阶 Stokes 波）作用下海底斜坡安全系数的影响。

**5. 复杂环境下海底斜坡稳定性解析**

将极限分析上限方法拓展到了复杂环境下海底斜坡的稳定性上限分析中。考虑施工扰动影响，引入扰动度的定义，对不同扰动环境下不同灵敏度的海底斜坡稳定性进行了上限分析。进一步考虑土体黏聚力的非均质性，推导了海底斜坡的内能耗散功率，从而建立了非均质性海底斜坡稳定性的上限解法。以多土层海底斜坡为研究对象，构造一组合对数螺线破坏机构，选择旋转中心与滑入点作为独立变量，实现了波浪荷载与地震力耦合作用下多土层海底斜坡的稳定性上限分析，进一步拓展了极限分析上限方法在海底斜坡稳定性分析中的适用范围。

**6. 波浪作用下海底斜坡稳定性的弹塑性有限元数值分析**

以大型有限元软件 ABAQUS 中的荷载模块为基础，添加一阶波浪力载荷模式，实现波浪力作用下海底斜坡稳定性的二维弹塑性有限元分析与强度折减数值计算。基于典型算例，开展变动参数计算，深入探讨不同波浪参数对计算结果的影响以及波浪力作用下海底斜坡潜在滑动面的变化规律，并将数值计算结果与极限分析上限方法所得解析解进行了对比验证。在此基础上，考虑波浪力的影响，对厦门沪救码头近岸海底斜坡的稳定性及破坏模式进行了数值分析，获得了实际波浪作用下海底斜坡稳定性的初步认识。

# 第 2 章　静水条件下海底斜坡稳定性上限极限分析

## 2.1　强度折减技术

在边坡工程领域，通常采用安全系数作为稳定性评价的一个重要指标。在传统极限平衡法中，边坡的稳定性安全系数被定义为：临界状态下，土体所能提供的最大抗剪强度与外荷载作用下土体为维持平衡实际需要发挥的抗剪强度之比。根据这个比值的取值范围可以把边坡的稳定性大致分为三类，分别为稳定状态（大于 1）、临界状态（等于1）、失稳状态（小于 1）。然而，这种传统定义方法具有一定的局限性，早期无法将其应用于边坡的有限元数值分析方法中，因为数值方法聚焦于斜坡土体的应力、位移、塑性区等场变量的定性描述，无法给出稳定性安全系数的定量值。

直到 1975 年，Zienkiewicz 等（1975）提出了强度折减技术的概念，将其应用于边坡的弹塑性有限元数值分析中，实现了弹塑性有限元方法对边坡稳定性的定量分析。Griffiths 等（1999）又针对典型边坡算例，采用强度折减有限元法与极限平衡法对其稳定性进行了比较分析，数值结果表明强度折减有限元法得到的安全系数及临界滑动面与传统极限平衡法得到的解答十分接近，进一步证明了这种方法的可行性。自此，强度折减法获得了众多学者的普遍认可，并被广泛采用。

强度折减法实际就是引入一个折减系数（SRF），令外荷载保持不变的情况下，人为地对土体强度进行同比例折减，以使边坡达到极限状态，此时的折减系数即为边坡的安全系数。在边坡的稳定性分析中，Mohr-Coulomb 是最常采用的破坏准则，内摩擦角与黏聚力是其主要的强度参数，可按照式（2.1）与式（2.2）进行折减。

$$c_m = \frac{c}{SRF} \tag{2.1}$$

$$\varphi_m = \arctan\frac{\tan\varphi}{SRF} \tag{2.2}$$

式中，$c$ 和 $\varphi$ 分别为土体的实际黏聚力与内摩擦角，$c_m$ 和 $\varphi_m$ 为折减后土体的黏聚力与内摩擦角，$SRF$ 为折减系数。

通过上式可以发现，在极限状态时，通过强度折减系数定义的安全系数与传统方法定义的安全系数是一致的，都属于抗剪强度储备系数，只是定义的角度与实施过程略有不同。但是强度折减技术可以考虑土体的渐进破坏过程，而且还无需预先假定边坡临界滑动面的形式与位置，因而在边坡工程领域被普遍采用（徐海洋等，2012）。基于此，笔者采用强度折减方法开展了研究工作。

# 2.2　边坡稳定性上限分析理论

## 2.2.1　上限定理

塑性极限分析基于塑性力学领域的静力学与运动学原理，构建运动许可速度场或静力许可应力场，并在此基础上根据虚功率原理，建立功能平衡方程，快速得到问题真实解的上下界，从而对真实解做出近似以及误差评估。在岩土工程领域，塑性极限分析方法可求解的工程实际问题有很多，如挡土墙土压力、地基极限承载力、边坡临界高度以及安全系数等（年廷凯，2005）。

极限分析上限方法是塑性极限分析的一个重要组成部分，其基于上限定理，通过构建运动许可的速度场，求解问题的上限解。这种方法具有理论完善、计算简单方便等优点，而且计算结果的精度能够满足工程需求，因而得到广泛应用。其中，运动许可速度场（机动场）定义为：

（1）在结构内满足连续条件，但允许存在有限个切向速度断面；

（2）在速度边界上满足速度为零；

（3）外力在机动场上做正功。

此外，应用上限方法时，需对岩土材料做以下假定：

（1）岩土体为理想塑性材料；

（2）土体服从摩尔-库伦破坏准则及相关联的正交流动法则；

（3）极限状态下，土体产生的变形为小变形。

基于上述假定，根据上限定理，建立极限状态下的方程。上限定理的内容为：对任一运动许可速度场，由根据外力功率与内能耗散率相等所得到的解，必大于或等于真实解，此时的解即为真实解的一个上限。根据虚功率原理，建立方程：

$$\int\limits_V \sigma_{ij}\dot\varepsilon_{ij}\mathrm{d}V + \int\limits_\Gamma \sigma_\Gamma\dot\varepsilon_\Gamma\mathrm{d}V = \int\limits_V F_i v_i\mathrm{d}V + \int\limits_S P_i v_i\mathrm{d}S \tag{2.3}$$

式中，$\sigma_{ij}$ 和 $\sigma_\Gamma$ 分别滑坡体内部的应力场与滑动面上的应力场，$\dot\varepsilon_{ij}$ 与 $\dot\varepsilon_\Gamma$ 为应力场所对应的应变速率，与速度场 $v_i$ 相协调，$F_i$ 为体力，$P_i$ 为面力，$V$ 与 $S$ 分别为滑坡体的体积域与滑坡体的应力边界。方程等式左侧第一项表示应力场在转动域 $V$ 中所做的功率，第二项为速度间断面上的内能耗散率；等式右侧表示外力（重力、地震荷载、波浪荷载、孔隙水压力等）在机动许可速度场 $v_i$ 中做功的功率。

在边坡稳定性评价中，由于斜坡土体被假定为刚体，滑坡体内部的内能耗散为零，即式（2.3）中的 $\int\limits_V \sigma_{ij}\dot\varepsilon_{ij}\mathrm{d}V = 0$。系统内总的内能耗散功率仅发生在速度间断面上即临界滑动面，因此对于边坡临界状态虚功率方程可改为

$$\int\limits_\Gamma \sigma_\Gamma\dot\varepsilon_\Gamma\mathrm{d}V = \int\limits_V F_i v_i\mathrm{d}V + \int\limits_S P_i v_i\mathrm{d}S \tag{2.4}$$

## 2.2.2　上限方法在边坡稳定性分析中的应用

Chen（1975）最早将极限分析上限法应用于边坡稳定性分析，其中假定边坡为刚体，破坏机构为对数螺线，分别求解旋转机制下的外力功率与内能耗散功率。在此基础上，根据虚功率原理建立了临界状态方程，得到了边坡的临界高度 $H$，当 $H$ 等于实际坡高时，此时确定的对数螺线就是所要求的临界滑动面。Karal（1995）将强度折减技术引入到边坡稳定性的上限分析中，实现了边坡稳定性的定量分析，获得了临界状态下边坡的安全系数。Ausilio 等（2001）用极限分析法建立单排桩加固边坡的虚功方程，得到土坡稳定安全系数，并探讨了单排桩的最佳布置位置。年廷凯等（2008）利用极限分析上限法结合强度折减技术对各向异性边坡进行稳定性分析，并在此基础上利用抗滑桩对各向异性土坡进行加固，结果表明，抗滑桩可以有效提高各向异性土坡的安全系数，单排抗滑桩应布置在近坡趾处最为合理。文畅平等（2003）基于极限分析上限定理，将地震以拟静力方式进行加载，推导出地震作用下多级支挡结构土压力系数的上限解；同时指出，竖向地震力对于支挡结构的影响很小。这种方法理论严谨，其假定的对数螺线滑动破坏机构与实际很接近，且能给出问题的精确解答，因而在边坡工程领域得到了广泛应用（Li 等，2006；Zhao 等，2010）。下面针对重力作用下的一般边坡，简述极限分析上限方法在边坡稳定性分析中的基本原理。

图 2.1 为重力作用下边坡的对数螺线破坏机构。滑坡体 $ABDC$ 绕着旋转中心 $O$ 点（待定）以角速度 $\Omega$ 相对对数螺旋面 $BD$ 以下的静止斜坡体做平面刚体转动，$H$、$\beta$ 分别表示斜坡的高度及坡角；$\alpha$ 为坡体上方与水平面的夹角；$\beta'$ 为 $AD$ 与水平方向的夹角；$r_0$、$r_h$ 分别为滑入极径与滑出极径，其与水平方向的夹角分别表示为 $\theta_0$、$\theta_h$；$L$ 和 $S$ 分别表示 $AB$ 和 $CD$ 的长度。图中所示的对数螺旋滑动面 $BD$ 可通过 $\theta_0$、$\theta_h$、$\beta'$ 三个变量进行控制，其在极坐标系下方程表达为

$$r(\theta) = r_0 \cdot e^{(\theta - \theta_0)\tan\varphi} \tag{2.5}$$

式中，$\theta$ 为潜在滑动面上任一点所在极径与水平方向的夹角。

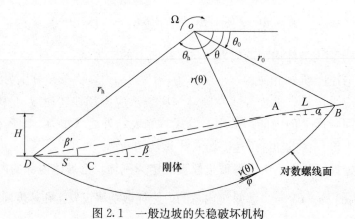

图 2.1　一般边坡的失稳破坏机构

图 2.1 中 $V(\theta)$ 是根据相关流动法则确定的潜在滑动面上任一点的速度场，该速度场矢量不仅与极径垂直，而且其与滑动面的切线方向成 $\varphi$（土体内摩擦角）。因此，

速度间断面 $BD$ 上任一点的 $V(\theta)$ 可表达为

$$V(\theta) = V_0 \cdot e^{(\theta - \theta_0)\tan\varphi} = \Omega r_0 \cdot e^{(\theta - \theta_0)\tan\varphi} \tag{2.6}$$

式中，$V_0$ 为 $B$ 点所在速度间断面上的速度矢量。

根据图 2.1 中的几何关系，可分别求得 $H$、$L$ 和 $S$ 的具体表达式，为了后续计算方便，这里对 $H$、$L$ 和 $S$ 进行了无量纲化处理，表达如下：

$$\overline{H} = \frac{H}{r_0} = \frac{\sin\beta'}{\sin(\beta' - \alpha)}\{\sin(\theta_h + \alpha)e^{(\theta_h - \theta_0)\tan\varphi} - \sin(\theta_0 + \alpha)\} \quad r_0 = \frac{H}{\overline{H}} \tag{2.7a}$$

$$\overline{L} = \frac{L}{r_0} = \frac{1}{\sin(\beta' - \alpha)}\{\sin(\theta_0 + \beta') - \sin(\theta_h + \beta')e^{(\theta_h - \theta_0)\tan\varphi}\} \tag{2.7b}$$

$$\overline{S} = \frac{S}{r_0} = \overline{H}\frac{\sin(\beta - \beta')}{\sin\beta\sin\beta'} \tag{2.7c}$$

式中，$\overline{H}$、$\overline{L}$、$\overline{S}$ 为无量纲参数，是关于变量 $\theta_0$、$\theta_h$、$\beta'$ 的函数。

在图 2.1 所示的旋转机制下，重力对滑坡体的做功功率可表达为自重与速度矢量的乘积。为了得到图中滑体 $ABDC$ 区域内土体在重力作用下的做功功率，可分别求解区域 $OBDO$、$OBAO$、$CADC$ 和 $OADO$ 内土体的重力做功功率，各区域块体的重力做功功率分别用 $\dot{W}_1$、$\dot{W}_2$、$\dot{W}_3$ 和 $\dot{W}_4$ 表示，经过简单的代数运算即可得到滑体 $ABDC$ 总的重力做功功率，表达如下

$$\dot{W}_g = \dot{W}_1 - \dot{W}_2 - \dot{W}_3 - \dot{W}_4 = \gamma r_0^3 \Omega(f_1 - f_2 - f_3 - f_4) \tag{2.8}$$

式中，$\gamma$ 是滑体的天然重度，$f_1$、$f_2$、$f_3$ 和 $f_4$ 分别为与 $\dot{W}_1$、$\dot{W}_2$、$\dot{W}_3$ 和 $\dot{W}_4$ 对应的关于 $\theta_0$、$\theta_h$ 和 $\beta'$ 的函数，详见式 2.9～式 2.12。

$$f_1 = \frac{\{(3\tan\varphi\cos\theta_h + \sin\theta_h)e^{3(\theta_h - \theta_0)\tan\varphi} - (3\tan\varphi\cos\theta_0 + \sin\theta_0)\}}{3(1 + 9\tan^2\varphi)} \tag{2.9}$$

$$f_2 = \frac{1}{6}\overline{L}\sin(\theta_0 + \alpha)(2\cos\theta_0 - \overline{L}\cos\alpha) \tag{2.10}$$

$$f_3 = \frac{1}{6}\overline{H}\frac{\sin(\theta_h + \beta')}{\sin\beta'}e^{(\theta_h - \theta_0)\tan\varphi}\{2\cos\theta_h e^{(\theta_h - \theta_0)\tan\varphi} + \overline{H}\cot\beta'\} \tag{2.11}$$

$$f_4 = \overline{H}^2\frac{\sin(\beta - \beta')}{2\sin\beta\sin\beta'}\left[\cos\theta_0 - \overline{L}\cos\alpha - \frac{1}{3}\overline{H}(\cot\beta + \cot\beta')\right] \tag{2.12}$$

由于斜坡土体被假定为刚体，因此滑坡体内部的能量耗散仅发生在速度间断面上。基于极限分析上限定理，根据相关流动法则，速度间断面任一微元段的内能耗散功率可表达为黏聚力 $c$ 与沿间断面切线方向速度场 $V\cos\varphi$ 的乘积，如式（2.13）所示。

$$\mathrm{d}\dot{W} = c(V\cos\varphi)\frac{r\mathrm{d}\theta}{\cos\varphi} \tag{2.13}$$

结合式（2.13）对整个速度间断面 $BD$ 进行积分，即可求得滑坡体总的内能耗散功率为

$$\dot{W}_{int} = \int_{\theta_0}^{\theta_h} c\left(V\cos\varphi\frac{r\mathrm{d}\theta}{\cos\varphi}\right) = \frac{cr_0^2\Omega}{2\tan\varphi}\left[e^{2(\theta_h - \theta_0)\tan\varphi} - 1\right] \tag{2.14}$$

基于极限分析上限法的功能平衡原理建立极限状态平衡方程，得到了均质边坡的临

界坡高为

$$H = \frac{\overline{H}c\left[e^{2(\theta_h - \theta_0)\tan\varphi} - 1\right]}{2\tan\varphi\gamma(f_1 - f_2 - f_3 - f_4)} \tag{2.15}$$

式中，$H$ 是关于 $\theta_0$、$\theta_h$ 和 $\beta'$ 的函数。当 $\beta = \beta'$ 时，$f_4$ 值为 0，此时对数螺线型滑动面恰好通过坡趾处。

为了实现边坡稳定性的定量分析，这里引入强度折减技术，对土体的抗剪强度进行折减，折减后强度参数表达如下：

$$c_m = c/FS, \varphi_m = \arctan(\tan\varphi/FS) \tag{2.16}$$

式中，$c$ 和 $\varphi$ 分别为土的真实黏聚力和内摩擦角，$c_m$ 和 $\varphi_m$ 为折减后的抗剪强度指标，$FS$ 为安全系数。

将折减后的强度参数式（2.16）代入到临界高度方程式（2.15）中，经变化后，得到了安全系数 $FS$ 关于独立变量 $\theta_0$、$\theta_h$、$\beta'$ 的隐式方程，表达为

$$FS = 2(\theta_h - \theta_0)\tan\varphi_m / \ln\left\{1 + \frac{2\tan\varphi_m}{c_m}\frac{H\gamma}{\overline{H}} \cdot (f_1 - f_2 - f_3 - f_4)\right\} \tag{2.17}$$

式中，系数 $f_1 \sim f_4$ 中的 $c$ 和 $\varphi$ 均用 $c_m$ 和 $\varphi_m$ 替换。

为了求解式（2.17）的安全系数，转化求解下述优化问题：

$$\min FS = f(\theta_0, \theta_h, \beta')$$
$$\text{s. t.} \begin{cases} 0 < \theta_0 < 90° \\ 0 < \theta_h < 180° \\ 0 \leqslant \beta' \leqslant \beta \\ H = H_{act} \end{cases} \tag{2.18}$$

通过给定一组对数螺线组合参数 $(\theta_0, \theta_h, \beta')$，通过逐步折减 $FS$，使式（2.18）中的 $H = H_{act}$（$H_{act}$ 为实际坡高）时，则此时的折减系数 $FS$ 为该对数螺线对应的斜坡海床稳定性系数；变化对数螺线可能的所有组合，求出所有的稳定性系数 $FS$，其中的最小值即为边坡的安全系数，相应的对数螺线组合即为边坡的潜在滑动面，具体优化求解思路如图 2.2 所示。利用 Fortran 语言，基于图 2.2 所示的计算思路编写计算程序，即可实现对边坡稳定性的上限分析。

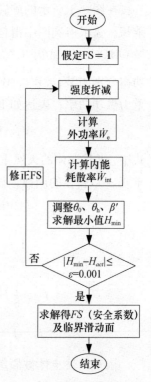

图 2.2　优化求解流程图

### 2.2.3　算例验证

为了验证极限分析上限方法的合理性与计算程序的可行性，针对已有的典型算例进行了具体计算，结果见表 2.1 所示。对比分析表中的数据可以看出，本文计算结果与极限平衡法、有限元法、极限分析法得到的安全系数很接近，总体误差不超过 5%。

**表 2.1　算例计算结果**

| 算例 | $c$/kPa | $\varphi$/° | $\gamma$/kN/m³ | $\beta$/° | $H$/m | FS | |
|---|---|---|---|---|---|---|---|
| | | | | | | 已有解 | 本文解 |
| 算例 1<br>（罗强等，2010） | 20 | 15 | 18.5 | 45 | 8 | 1.40（圆弧条分法）<br>1.45（总应力法）<br>1.32（折线法） | 1.356 |
| 算例 2<br>（Zienkiewicz，1975；<br>Matsui，1992） | 10 | 20 | 20 | 26.6 | 10 | 1.38（摩尔圆法）<br>1.38（有限元法） | 1.370 |
| 算例 3<br>（Dawson，1999） | 12.38 | 20 | 20 | 45 | 10 | 1.00（极限分析法） | 1.00 |
| 算例 4<br>（赵尚毅等，2002） | 42 | 17 | 25 | 45 | 20 | 1.12（有限元法）<br>1.06（Bishop 法）<br>1.12（Spencer 法） | 1.08 |
| 算例 5<br>（刘凯，2015） | 28.73 | 20 | 18.5 | 26.6 | 12.2 | 2.080（Bishop 法）<br>2.073（Spencer 法）<br>2.008（Janbu 法）<br>2.076（M-P 法）<br>2.097（Zeng 法） | 2.001 |
| 算例 6<br>（Hassiotis et al，1997，1999） | 23.94 | 10 | 19.63 | 30 | 13.7 | 1.08（摩尔圆法）<br>1.12（Bishop 法）<br>1.11（极限分析法） | 1.113 |

图 2.3 给出了表 2.1 中 6 种算例不同方法计算获得的临界滑动面。通过分析图 2.3 中的结果可知，本文方法计算得到的临界滑动面（实线）与摩尔圆法（点断线）、简化 Bishop 法（虚线）得到的结果十分接近，滑出点都位于坡脚，仅仅在滑入点有微小差异。由上述分析可得，本文方法是合理有效的。

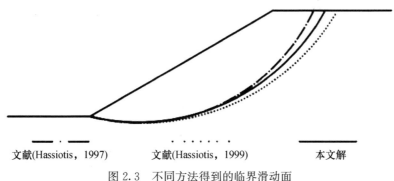

文献（Hassiotis，1997）　　　　文献（Hassiotis，1999）　　　　**本文解**

图 2.3　不同方法得到的临界滑动面

图 2.4 针对不同坡角 $\beta$，给出了土的内摩擦角 $\varphi$ 与土坡的安全系数（FS）的关系曲线。其中，土的黏聚力 $c$ 取 70kPa，重度 $\gamma$ 取 19.63kN/m³；其他几何参数为 $\alpha = 0$，$H_{act} = 13.7$m。由图 2.4 可知，内摩擦角一定时，边坡的安全系数随着坡角的增大而逐渐减小；而坡角一定时，安全系数会随着土体内摩擦角的增大而增大，这种增大的幅度会随着坡角的增加而逐渐减弱。当坡角超过 60°时，随着内摩擦角的增加，安全系数会

近似线性的增长。

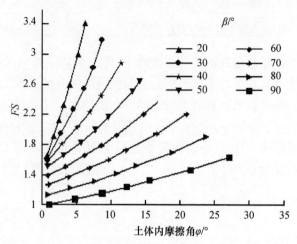

图 2.4　土的内摩擦角与土坡安全系数的关系

## 2.3　静水条件下海底斜坡稳定性上限分析

### 2.3.1　概述

对于涉水边坡以及水下边坡来说，孔隙水压力是一个影响边坡稳定性的重要因素。在极限分析上限法中，Miller & Hamilton（1989）最早考虑了孔隙水压力，认为孔隙水压力的存在将导致整个研究系统内能耗散率的减小，因此，将孔隙水压力当作一种内力的形式，分别建立了刚体转动破坏模式和剪切平动破坏模式下的临界状态方程，得到了涉水边坡临界高度的上限解。尽管采用这种孔隙水压力处理方法可以得到正确的数值解，但是对于孔隙水压力导致系统内能耗散减少的物理意义却不是很明确。

1994 年，Michalowski 等（1994）提出了一种新的孔隙水压力处理模式，将孔隙水压力作为外力，孔隙水压力的影响等效为浮力与渗流力的叠加，合理地解释了孔隙水压力在极限分析方法中应用的理论依据；并将其做功功率引入到虚功率方程中，得到了边坡临界高度的上限解，并指出随着内摩擦角 $\varphi$ 和孔隙水压力的增加，边坡趋于不稳定。随后，Kim 等（1993）采用相同的孔隙水压力处理方式，利用有限元与线性规划相结合的方法得到了考虑水压力效应的边坡稳定性安全系数的上限解与下限解，并与极限平衡方法得到的解答进行了对比分析。殷建华等（2003）将孔隙水压力作为一种类似面力的外力荷载，基于刚度有限元极限分析上限法对边坡问题进行了求解，并获得了最优安全系数。

基于上述研究成果，笔者采用摩尔-库伦破坏条件以及相关联的正交流动法则，将对数螺线的滑动形式作为海底斜坡的潜在破坏模式；结合强度折减技术，以强度折减系数作为边坡的稳定安全系数，将孔隙水压力的影响以外荷载的形式引入到虚功率方程中，将孔压的功率与其他外荷载的功率进行叠加，建立考虑孔隙水影响的斜坡海床极限状态方程。通过使用前文所述的优化方法，搜索最小的安全系数与临界滑动面，从而定量的对静水条件下海底斜坡的稳定性进行分析和评价。

## 2.3.2　孔隙水压力效应的表达方法

本文中对于水下斜坡稳定性的分析采用摩尔-库伦破坏条件以及相关联的正交流动法则。采用对数螺线形式的转动破坏机构，并假设滑块体及其下方土体为刚体，则在滑块体内部没有变形，速度间断面只有滑块体的潜在滑动面，速度间断面上任意一点的相对速度与速度间断面间的夹角 $\varphi$，图 2.5 给出了静水条件下海底斜坡的破坏机构。

图 2.5 中水下滑坡体 $ABDC$ 绕着旋转中心 $O$ 转动，角速度为 $\Omega$，$r(\theta)$ 为任一极径，$d$ 为水深即海平面到海床的垂直距离，$H$、$\beta$ 分别为海底斜坡的坡高与坡脚。

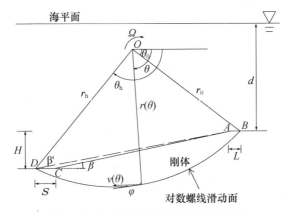

图 2.5　静水条件下海底斜坡破坏机构

对于水下斜坡而言，其除了受重力作用外，还要受孔隙水压力的影响，这里将孔隙水压力作为一种外荷载，在图 2.5 所示的旋转机制下，孔隙水压力对海底斜坡滑体的做功功率可表达为：

$$PV^* = \int_V u\dot{\varepsilon}_{ii}^* \, \mathrm{d}V + \int_S u n_i v_i \, \mathrm{d}S \tag{2.19}$$

式中，$u$ 为孔隙水压力，$\dot{\varepsilon}_{ii}^*$ 为速度许可机构内的体积应变率，$v_i$ 是速度间断面之间的相对速度，$n_i$ 是与机构上表面 $S$ 垂直的单位矢量，$V$ 代表整个滑块体的体积。公式（2.19）中的右侧第一项表示的是孔压在滑块体内部所做功的功率；第二项表示的是孔压在速度间断面上的功率。

由高斯定理推导可得式（2.20）。

$$\frac{\partial}{\partial x_i}(uv_i) = \frac{\partial u}{\partial x_i}v_i + u\frac{\partial v_i}{\partial x_i} \tag{2.20a}$$

$$\frac{\partial v_i}{\partial x_i} = \dot{\varepsilon}_{ii}^* \tag{2.20b}$$

将式（2.20）带入至式（2.19）右侧

$$\int_v u\dot{\varepsilon}_{ii}^* \, \mathrm{d}v = \int_v \frac{\partial}{\partial x_i}(uV_i)\mathrm{d}v - \int_v \frac{\partial u}{\partial x_i}V_i\mathrm{d}v = \int_\Gamma u n_i V_i \mathrm{d}\Gamma - \int_v \frac{\partial u}{\partial x_i}V_i\mathrm{d}v \tag{2.21}$$

由于孔隙水压力与总水头 $h$ 可以写成如下关系，其中 $Z$ 表示位置水头，$\gamma_w$ 是水的重度。由式（2.21）和式（2.22）可到式（2.23）的形式。

$$h = u/\gamma_w + Z \tag{2.22}$$

$$\int_V u\dot{\varepsilon}_{ii}^* \, dV = \int_\Gamma un_i v_i \, d\Gamma - \gamma_w \int_V \frac{\partial h}{\partial x_i} v_i \, dV + \gamma_w \int_V \frac{\partial Z}{\partial x_i} v_i \, dV \tag{2.23}$$

式（2.23）中右侧第一项表示的是孔压在速度间断面 $\Gamma$ 上所做功的功率，对于完全浸没的边坡，速度间断面两侧的孔压大小相同且连续分布，所以这一项的值为 0；右侧的第二项表示渗流力所做功的功率，对于水下边坡来说，渗流作用对于边坡稳定性的影响不大，可忽略不计；右侧第三项表示浮力所做功的功率，这是因为式中的 $v_i$（$\partial Z/\partial x_i$）代表的是竖向速度。

综上所述，由孔隙水压力引起的外功率可以写成式（2.24），它可以表示成浮力对于滑块体所做功的功率与在滑块体边界上的水压力功率的代数和的形式。

$$PV^* = \int_\Gamma un_i v_i \, d\Gamma + \gamma_w \int_V \frac{\partial Z}{\partial x_i} v_i \, dV \tag{2.24}$$

对于图 2.5 的所示的海底斜坡，式（2.24）可以转化为式（2.25）的形式，如下：

$$PV^* = \gamma_w r_0^2 \Omega \tan\varphi \int_{\theta_0}^{\theta_h} h \exp[2(\theta-\theta_0)\tan\varphi] \, d\theta - \int_{DC+CA} pn_i v_i \, dS \tag{2.25}$$

式中，$h$ 为速度间断面与滑块体上表面 AB 的垂直距离；$p$ 为作用在滑块体上界面（ACD）的水压力；$n_i$ 是垂直于上表面向外的单位向量；$v_i$ 是上边界转动的速度。

图 2.6 是破坏机构中的水压力分布示意图。图中，$ACD$ 界面上的水压力 $p = \gamma_w z$，$z$ 表示计算点与滑块体上表面 $AB$ 的垂直距离；方向垂直指向滑块体的上边界 $CD$ 和 $AC$。由于式（2.25）中的 $h$ 表示的是速度间断面与滑块体上表面 $AB$ 的垂直距离，鉴于右侧两项水压力的叠加作用，所以计算边界上的水压力功率时，只考虑高度为坡高 $H_{act}$ 的水层产生水压力的作用。

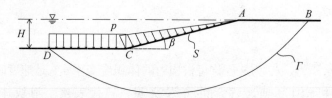

图 2.6　破坏机构中沿滑体上界面水压力分布示意图

式（2.25）等号右侧第一项可以写成如下形式，其中 $f_b$ 是浮力所做功的功率 $\dot{W}_b$ 所对应的关于 $\theta_0$，$\theta_h$ 和 $\beta'$ 的函数。

$$\dot{W}_b = \gamma_w \Omega \tan\varphi \left[ \int_{\theta_0}^{\theta_h} r^3 \sin\theta \, d\theta - r_0 \sin\theta_0 \int_{\theta_0}^{\theta_h} r^2 \, d\theta \right]$$

$$= \gamma_w \Omega r_0^3 \left\{ \frac{\exp[3(\theta_h-\theta_0)\tan\varphi](3\tan\varphi\sin\theta_h - \cos\theta_h) - 3\tan\varphi\sin\theta_0 + \cos\theta_0}{1 + 9\tan^2\varphi} \right.$$

$$\left. - \frac{\sin\theta_0}{2\tan\varphi}\{\exp[2(\theta_h-\theta_0)\tan\varphi] - 1\} \right\} \tag{2.26}$$

其中，

$$f_b = \frac{\exp[3(\theta_h - \theta_0)\tan\varphi](3\tan\varphi\sin\theta_h - \cos\theta_h) - 3\tan\varphi\sin\theta_0 + \cos\theta_0}{1 + 9\tan^2\varphi}$$
$$-\frac{\sin\theta_0}{2\tan\varphi}\{\exp[2(\theta_h - \theta_0)\tan\varphi] - 1\} \tag{2.27}$$

滑块体上表面（$ACD$）的水压力对滑坡体的做功功率用 $\dot{W}_w$ 来表示，其中 $CD$ 段水压力的做功功率用 $\dot{W}_{w1}$ 表示，对于 $AC$ 段的水压力，可将其分解为竖直方向与水平方向的矢量和，水平与竖直方向水压力分量对滑坡体的做功功率分别用 $\dot{W}_{w2}$ 和 $\dot{W}_{w3}$ 来表示。

$CD$ 段水压力做功功率：

$$\dot{W}_{w1} = \gamma_w r_0^3 \Omega \, \overline{H}\,\overline{S}\{\exp[(\theta_h - \theta_0)\tan\varphi]\cos\theta_h + \overline{S}/2\} \tag{2.28}$$

$AC$ 段水压力做功功率：

$$\dot{W}_{w2} = \gamma_w r_0^3 \Omega \left(\frac{\overline{H}}{2}\right)^2 \left(\frac{2\overline{H}}{3} + \sin\theta_0\right) \tag{2.29}$$

$$\dot{W}_{w3} = \gamma_w r_0^3 \Omega \left(\frac{\overline{H}}{2}\right)^2 \cot\beta\left(\cos\theta_0 - \overline{L} - \frac{2\overline{H}}{3}\cot\beta\right) \tag{2.30}$$

滑体上界面（$ACD$）对滑体的做功功率可表达为

$$\dot{W}_w = \dot{W}_{w1} + \dot{W}_{w2} + \dot{W}_{w3} = \gamma_w r_0^3 \Omega f_w \tag{2.31}$$

式中，$f_w$ 是与水压力做功功率 $\dot{W}_w$ 对应的关于 $\theta_0$、$\theta_h$ 和 $\beta'$ 的函数，具体表达如下：

$$f_w = \overline{H}\left\{\overline{D}\left\{\exp[(\theta_h - \theta_0)\tan\varphi]\cos\theta_h + \frac{\overline{S}}{2}\right\} + \frac{\overline{H}}{2}\left(\frac{2\overline{H}}{3} + \sin\theta_0\right)\right.$$
$$\left. + \frac{\overline{H}}{2}\cot\beta\left(\cos\theta_0 - \overline{L} - \frac{2\overline{H}}{3}\cot\beta\right)\right\} \tag{2.32}$$

综上所述，孔隙水压力总的外力功率可表为

$$PV^* = \dot{W}_w + \dot{W}_b = \gamma_w r_0^3 \Omega f_p \tag{2.33}$$

式中，$f_p = f_b + f_w$ 也是关于 $\theta_0$、$\theta_h$ 和 $\beta'$ 的函数。

## 2.3.3　静水条件下海底斜坡稳定性上限解法

在图 2.5 所示的坐标系下，对数螺线方程可以表示为式（2.5）的形式。通过与相关联的流动法则相容确定的速度场也显示在图 2.1 中。其中，速度间断面为 $BD$，它通过坡趾下方一点 $D$。构筑的运动许可速度场可以严格的限定上限解的范围，从而得到严格的真实解；由于所选速度场的相容性条件，潜在滑动面上的每一点的速度矢量与该点处的潜在滑动面间的夹角均为内摩擦角 $\varphi$，并且与其所在的基线 $r(\theta)$ 方向垂直。因此，速度间断面上任意一点的 $V(\theta)$ 可以写成式（2.5）的形式。式中 $V_0$ 为 B 点所在速度间断面的速度矢量。

为了后续计算方便，这里需对海底斜坡的几何参数 $H$、$L$、$S$ 进行无量纲化处理，具体表达如下：

$$\overline{H}=\frac{H}{r_0}=\{\sin\theta_h e^{(\theta_h-\theta_0)\tan\varphi}-\sin\theta_0\} \tag{2.34a}$$

$$\overline{L}=\frac{L}{r_0}=\frac{1}{\sin\beta'}\{\sin(\theta_0+\beta')-\sin(\theta_h+\beta')e^{(\theta_h-\theta_0)\tan\varphi}\} \tag{2.34b}$$

$$\overline{S}=\frac{S}{r_0}=\frac{\sin(\beta-\beta')}{\sin\beta\sin\beta'}\{\sin\theta_h e^{(\theta_h-\theta_0)\tan\varphi}-\sin\theta_0\} \tag{2.34c}$$

仿照 2.2 节重力功率求解思路，获得了静水下海底斜坡滑体 ABDC 在重力作用下的做功功率，表达为

$$\dot{W}_g=\gamma r_0^3\Omega(f_1-f_2-f_3-f_4) \tag{2.35}$$

式中，$\gamma$ 为海底斜坡土体有效重度，$\dot{W}_1$、$\dot{W}_2$、$\dot{W}_3$ 及 $\dot{W}_4$ 分别为海底滑坡块体区域 *OBDO*、*OBAO*、*CADC* 和 *OADO* 的做功功率，$f_1\sim f_4$ 为与 $\dot{W}_1\sim\dot{W}_4$ 对应的关于独立变量 $\theta_0$、$\theta_h$、$\beta'$ 的函数，表达为

$$f_1=\frac{(3\tan\varphi\cos\theta_h+\sin\theta_h)e^{3(\theta_h-\theta_0)\tan\varphi}-3\tan\varphi\cos\theta_0-\sin\theta_0}{3(1+9\tan^2\varphi)} \tag{2.36a}$$

$$f_2=\frac{1}{6}\overline{L}\sin\theta_0(2\cos\theta_0-\overline{L}) \tag{2.36b}$$

$$f_3=\frac{1}{6}e^{(\theta_h-\theta_0)\tan\varphi}\left[\sin(\theta_h-\theta_0)-\overline{L}\sin\theta_h\right]\cdot\left[\cos\theta_0-\overline{L}+\cos\theta_h e^{(\theta_h-\theta_0)\tan\varphi}\right] \tag{2.36c}$$

$$f_4=\overline{H}^2\left[\frac{\sin(\beta-\beta')}{2\sin\beta\sin\beta'}-\frac{1}{3}\overline{H}(\cot\beta+\cot\beta')\right] \tag{2.36d}$$

综上所述，静水下海底斜坡总的外力功率表达为

$$\dot{W}_{ext}=\dot{W}_g+\dot{W}_b+\dot{W}_w=\gamma r_0^3\Omega\left[(f_1-f_2-f_3-f_4)+\frac{\gamma_w}{\gamma}f_p\right] \tag{2.37}$$

由于海底斜坡滑体被假定为刚体，根据极限分析上限定理可知，滑体的内能耗散功率仅发生在速度间断面上，因而海底斜坡滑体总的内能耗散功率可表达为

$$\dot{W}_{int}=\frac{cr_0^2\Omega}{2\tan\varphi}\left[e^{2(\theta_h-\theta_0)\tan\varphi}-1\right] \tag{2.38}$$

式中，$c$、$\varphi$ 分别为斜坡海床土体的黏聚力与内摩擦角。

基于极限分析上限定理，令外力功率与内能耗散功率相等建立临界状态方程，得到了静水下海底斜坡的临界坡高上限解，表达为

$$H=\frac{\frac{c}{2\tan\varphi}\left[e^{2(\theta_h-\theta_0)\tan\varphi}-1\right]\overline{H}}{\gamma\{(f_1-f_2-f_3-f_4)+\gamma_w f_p/\gamma\}} \tag{2.39}$$

对于一个已知坡高与坡角的海底斜坡，结合强度折减技术，可建立关于安全系数 $FS$ 的极限状态方程，表达如下：

$$FS=\frac{2(\theta_h-\theta_0)\tan\varphi_m}{\ln\left\{1+\frac{2H\gamma}{c_m\overline{H}}\left[(f_1-f_2-f_3-f_4)-\gamma_w f_p/\gamma\right]\tan\varphi_m\right\}} \tag{2.40}$$

安全系数 $FS$ 是关于变量 $\theta_0$、$\theta_h$、$\beta'$ 的非线性隐式函数，当 $H$ 的值恰好与实际坡高相等时，即可得到坡体的实际安全系数；当假定安全系数为 1 时，由式（2.40）也可反

28

推出所求海底斜坡的临界坡高。在计算过程，通过给定一组变量（$\theta_0$，$\theta_h$，$\beta'$），则可获得一个 $FS$，不停地进行重复迭代，取所求的 $FS$ 中的最小值作为静水下海底斜坡的稳定性安全系数。

### 2.3.4　算例验证

为了验证方法的有效性，针对文献（Viratjandr 等，2006）中的水下斜坡算例，结合强度折减技术，应用极限分析上限方法进行了具体的计算。在边坡的稳定性分析中，无量纲参数 $c/\gamma H$ 经常被用来作为一个评价指标。根据强度折减原理可知，对于一个几何尺寸与土体重度已知的简单均质边坡而言，其滑动面的位置是由 $c$ 与 $\tan\varphi$ 的比值确定，直接取 $c/\gamma H$ 来分析边坡的稳定性，可以减少参数讨论的个数。由式（2.40）可以看出，$FS/\tan\varphi$ 可表达为关于 $c/\gamma H\tan\varphi$ 的函数。

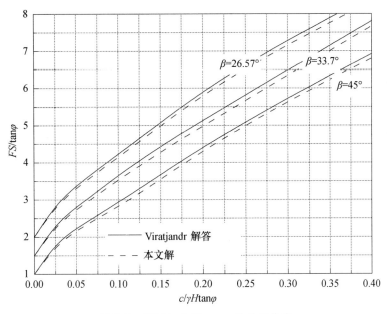

图 2.7　$FS$ 与 $c/\gamma H\tan\varphi$ 的关系曲线

图 2.7 给出了水下斜坡安全系数 $FS$ 与参数 $c/\gamma H\tan\varphi$ 的关系曲线。图中，实线表示的是 Viratjandr & Michalowski（2006）基于极限分析上限定理对涉水边坡（浸没条件）在水位不变时的稳定性分析结果，虚线是本文的计算结果。对比分析可知，当坡角 $\beta$ 一定时，安全系数随无量纲参数 $c/\gamma H\tan\varphi$ 的增大而增加；当 $c/\gamma H\tan\varphi$ 一定时，当 $c/\gamma H\tan\varphi$ 一定时，安全系数随着 $\beta$ 增加而降低，这与其他两种结果变化规律是一致的。此外，本文的计算结果与黑实线所示的结果十分接近，误差在 4% 以内，由此表明本文方法是合理有效的。大体上讲，$c/\gamma H\tan\varphi$ 的取值范围针对于不同参数（几何参数和土体强度参数）的坡体。较大的 $c/\gamma H\tan\varphi$ 的值（超过 0.4）代表坡高和内摩擦角较小的情况；而较小的 $c/\gamma H\tan\varphi$ 的值（0~0.1）代表的是坡高和内摩擦角较大但是黏聚力较小的情况；其他情况下 $c/\gamma H\tan\varphi$ 的取值介于两者之间。

## 2.4 小 结

本节介绍了塑性力学上限定理的一些基本理论与基本假设，并针对均质边坡详细介绍了极限分析上限方法的应用，建立了一般边坡的虚功率方程，获得了临界坡高的上限解。结合强度折减技术，得到了临界状态下边坡的稳定性安全系数表达式，基于 Fortran90 语言，采用最优化方法编写计算程序，实现了安全系数的求解，又进一步通过典型算例对比分析，验证了该方法在边坡稳定性分析中的合理性。

基于 Viratjandr & Michalowski（2006）提出的孔隙水压力处理模式，应用极限分析上限方法推导了孔隙水压力对海底斜坡滑体做功功率的具体表达式，并将其引入到虚功率方程中，建立了静水下海底斜坡的临界状态方程，以此计算得到了静水条件下海底斜坡的的临界坡高及其稳定性安全系数（FS）。通过与已有算例的对比分析，验证了本文方法在海底斜坡稳定性分析中的适用性。

# 第3章 简化波压力下海底斜坡
# 稳定性上限极限分析

## 3.1 概 述

对于近海岸与河口三角洲的斜坡海床而言，波浪也是诱发其失稳的一个重要因素，如发生在密西西比河三角洲的海底滑坡地质灾害就是由波浪诱发斜坡海床失稳而引起的。波浪会对海床表面产生一种动水压力，这种动水压力通常被称为波压力。目前，求解波压力最常采用的波浪理论是线性波理论，这种波浪理论表达简单，计算方便，因而在波浪荷载下海底斜坡的稳定性分析中被广泛采用。

根据已有的文献可知，现阶段常采用以无限坡理论为基础的极限平衡法对波浪荷载下海底斜坡稳定性进行分析。如 Henkel（1970）采用圆弧滑动破坏模式，将波压力以外力的形式加载于斜坡表面，基于力矩平衡法对密西西比河三角洲的无限斜坡海床稳定性进行了分析；顾晓芸等（1996）、刘晓丽等（2015）将缓倾角斜坡海床视为无限坡模式，考虑波浪荷载作用，采用总应力极限平衡法对海底斜坡的稳定性进行了评价。然而，对于坡度较大、规模较小的海底斜坡，基于无限坡理论为基础的极限平衡法得到的结果往往与实际差异很大，这是由于该类斜坡海床的破坏模式主要以整体滑动为主而非表层滑动，而极限分析上限方法假定的对数螺线转动破坏机构正好可以弥补这一劣势。

基于此，针对波浪荷载作用下的海底斜坡，以整体滑动作为破坏模式，采用极限分析上限法，在2.3中静水条件下得到的潜在滑动体上边界施加波压力，波浪力的功率作为外荷载功率出现在极限分析虚功率方程中，建立考虑波浪作用的，海底斜坡极限状态方程，采用最优化方法结合强度折减技术得到了波浪下海底斜坡的安全系数及临界滑动面。其中，波浪力采用一阶线性波浪理论的加载方式，为了计算方便，对于波浪力作了简化；计算中忽略了波浪引起的海床孔压的变化。波浪在传播过程中，不同时刻波压力形式具有很大差异性，因此必须对不同时刻波压力作用下海底斜坡稳定性进行分析。本章中，笔者在一个波浪传播周期内平均取八个时间点，分别计算这八个时刻波压力作用下海底斜坡稳定性安全系数，并取最小值作为波浪荷载作用下海底斜坡的稳定性安全系数。在这基础上，又进一步深入探讨了波高、波长、水深等参数对于海底斜坡稳定性的影响。

## 3.2 波压力简化

### 3.2.1 线性波理论

波浪会对其下方的海床产生压力作用；对于海底斜坡而言，这种压力会施加至坡体的表面。随着波浪的传播，变化的荷载会改变坡体内土体的应力，如果这个应力值超过了土体的强度，大规模的滑动就会发生。海洋中的实际的波浪形式多样，理论上很难对其进行定量描述。但在地势开阔或者未遇到障碍物时的初次近似，采用一阶线性波浪理论是可行的。在一阶线性波浪理论中，假设波浪在传播过程中服从正弦波的形式。由波浪引起的海底压力变化可以写成式（3.1）的形式。

$$p = \frac{\gamma_w H_w}{2\cosh(\lambda d)}\sin(\lambda x - \omega t) \tag{3.1}$$

式中，$p_0$ 是波浪引起海底压力变化的幅值，表达为 $p_0 = 0.5\gamma_w H_w / \cosh(\lambda d)$；$\lambda$ 为波数，可表示为 $\lambda = 2\pi/L_w$，$L_w$ 是波长，按线性波理论可近似表达为 $L_w = 1.56T^2$，其中 $T$ 是波浪周期；$H_w$ 和 $d$ 分别表示波高和计算点水深，$\gamma_w$ 是海水的重度；$x$ 是从 A 点起算的水平位置坐标（如 $x_A = 0$，$x_B > 0$，$x_C < 0$），$t$ 是计算时刻，$\omega$ 是波浪的圆频率，可表达为 $\omega = 2\pi/T$。

### 3.2.2 波压力简化处理

现实中，波浪力是一种动力荷载，但由于波浪周期一般较长（可达 3～5s），孔压累积效应相对较弱，且在周期内波浪力没有十分剧烈的变化，故将上述波浪循环荷载等效为拟静力荷载进行加载。在计算过程中，忽略了波浪变化引起的海床土体的孔隙水压力瞬态响应。由式（3.1）可知，不同时刻的波压力形式有很大差异，因此必须对不同时刻波压力作用下的海底斜坡稳定性进行分析。这里在一个波浪周期内，平均取 8 个计算时间节点，分别记为 $t_0$～$t_7$ 时刻（其时间间隔为 $T/8$，$T$ 是波浪传播的周期），若 $t_0$～$t_3$ 时刻代表前半个周期，则 $t_4$～$t_7$ 时刻代表后半个周期，波浪力方向与前者相反；若规定在 $t_0$ 时刻点上，坡顶 A 点上方的波浪恰好是一个波形的起始点，此时 A 点处波浪力为 0。

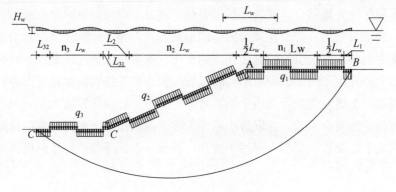

图 3.1　波压力简化模式

在给定时间的条件下，波压力是随空间坐标 $x$ 变化的正弦函数，为了后续计算的方便，将其简化为矩形形式，给定一个时刻，就可得到波浪在海床表面诱发的正弦波压力形式，如图 3.1 所示。在每半个周期内波压力 $p$ 可等效为波幅平均值 $2p_0/\pi$，近似取 $0.65p_0$ 作为海底土层的上覆压力，方向垂直指向海底面。取坡顶与坡趾处上覆压力的平均值作为斜坡上的上覆压力值，方向与波形相同并且垂直指向海底斜坡表面。上述波浪力简化模式，其优点是对于滑体上方的完整波形，每个波长 $L_w$ 上的波浪力功率均可以写成合力偶矩功率的形式，而对于不完整的波形（如滑体上方不足波长 $L_w$ 的部分），可方便地计算出这部分波浪力的合力和合力作用点，再求得其所做外功的功率。在这一计算过程中，可以省去复杂繁琐的积分运算，从而在一定程度上提高计算与搜索效率、达到简化计算的目的。

## 3.3   考虑波浪荷载的海底斜坡稳定性上限解法

### 3.3.1   波压力做功功率

图 3.2 给出了波浪荷载作用下海底斜坡的对数螺线破坏机构。图中，$d$ 为水深，即海平面到海床 $AB$ 的垂直距离；$H_{act}$ 为斜坡海床坡高；$h$ 为斜坡滑动面到海床界面的垂直距离。

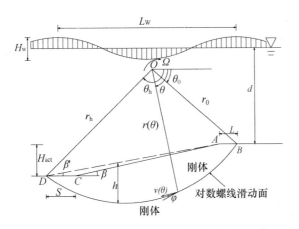

图 3.2   波浪荷载下海底斜坡对数螺线破坏机构

在图 3.2 所示的旋转破坏机构下，波浪在海床界面上诱发的波压力对海底斜坡滑体的做功功率可表达为：

$$QV^* = \dot{W}_q = \int_S p v_i \mathrm{d}S = \frac{\gamma_w H_w}{2} \int_S \frac{v_i \sin(\lambda x - \omega t)}{\cosh(\lambda d)} \mathrm{d}S \tag{3.2}$$

式中，$p$ 为海床表面的波压力；$v_i$ 表示滑体上界面 $S$ 上的运动速度，其他参数意义同前。

根据 3.2 节波浪力的简化方法，对式（3.2）波浪力功率进行简化。图 3.3 显示了潜在滑坡区范围内海床表面不同位置的典型波压力分布模式，总体上波浪在 $AB$、$AC$ 和 $CD$ 段产生的可能波浪力分布形式如图 3.3 所示，相应的各段等效波浪载荷分别记为 $q_1$、$q_2$ 和 $q_3$。

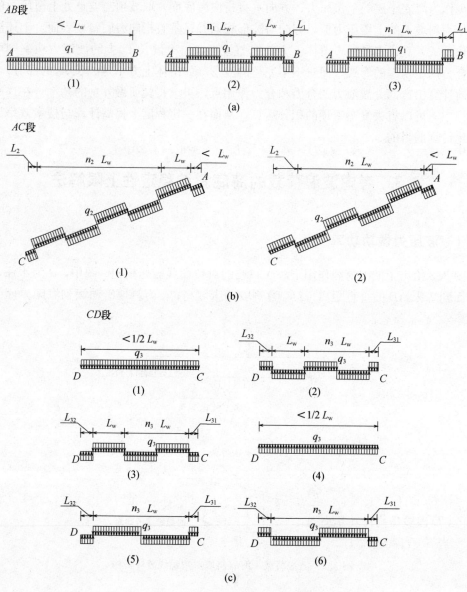

图 3.3 *AB*、*AC* 和 *CD* 段波浪力分布模式示意图

下面将分别计算 $AB$、$AC$ 及 $CD$ 段波压力对斜坡海床滑体的做功功率，分别用 $\dot{W}_{q1}$、$\dot{W}_{q2}$、$\dot{W}_{q3}$ 来表示。$AB$ 段波压力的做功功率为：

$$
\dot{W}_{q1}=\begin{cases}
L<\dfrac{n}{8}L_{\mathrm{w}} \quad q_1\Omega\Big[-L\Big(r_0\cos\theta_0-\dfrac{L}{2}\Big)\Big] \\[2mm]
L>\dfrac{n}{8}L_{\mathrm{w}},\text{且 } n_{11}=1 \quad \begin{aligned} &q_1\Omega\Big\{-n_1\Big(\dfrac{L_{\mathrm{w}}}{2}\Big)^2+\dfrac{L_{\mathrm{w}}}{2}\Big(r_0\cos\theta_0-L_1-\dfrac{L_{\mathrm{w}}}{4}\Big)- \\ &L_1\Big(r_0\cos\theta_0-\dfrac{L_1}{2}\Big)-\Big(\dfrac{1}{2}-\dfrac{n}{8}\Big)L_{\mathrm{w}}\Big[r_0\cos\theta_0-L-\dfrac{(4-n)L_{\mathrm{w}}}{16}\Big]\Big\} \end{aligned} \\[4mm]
L>\dfrac{n}{8}L_{\mathrm{w}},\text{且 } n_{11}=0 \quad \begin{aligned} &q_1\Omega\Big\{-n_1\Big(\dfrac{L_{\mathrm{w}}}{2}\Big)^2+\dfrac{L_{\mathrm{w}}}{2}\Big(r_0\cos\theta_0-L_1-\dfrac{L_{\mathrm{w}}}{4}\Big)- \\ &L_1\Big(r_0\cos\theta_0-\dfrac{L_1}{2}\Big)-\Big(\dfrac{1}{2}-\dfrac{n}{8}\Big)L_{\mathrm{w}}\Big[r_0\cos\theta_0-L-\dfrac{(4-n)L_{\mathrm{w}}}{16}\Big]\Big\} \end{aligned}
\end{cases}
\tag{3.3}
$$

其中，$q_1=\gamma_{\mathrm{w}}H_{\mathrm{w}}/2\cosh(\lambda d)$，$n_{11}=[2L/L_{\mathrm{w}}-2n_1-1/2]$，$L_1=L-L_{\mathrm{w}}[n_1+n_{11}/2+n/8]$，$n_1=[L/L_{\mathrm{w}}-n/8]$，$n$ 是时刻点编号，$n=0\sim3$。

$AC$ 段波压力做功功率为：

$$
\dot{W}_{q2}=\begin{cases}
H\cot\beta\leqslant\Big(\dfrac{1}{2}-\dfrac{n}{8}\Big)L \quad q_2\Omega\Big[-H\cot\beta\Big(r_0\cos\theta_0-L-\dfrac{H\cot\beta}{2}\Big)\Big] \\[2mm]
H\cot\beta>\Big(\dfrac{1}{2}-\dfrac{n}{8}\Big)L_{\mathrm{w}} \text{ 且 } n_{22}=1 \quad \begin{aligned} &q_2\Omega\Big\{n_2\Big(\dfrac{L_{\mathrm{w}}}{2}\Big)^2-\dfrac{L_{\mathrm{w}}}{2}(L+n_2L_{\mathrm{w}}+\dfrac{n}{8}L_{\mathrm{w}}-r_0\cos\theta_0)+ \\ &L_2\Big(H\cot\beta+L-r_0\cos\theta_0-\dfrac{L_2}{2}\Big)-\Big(\dfrac{1}{2}-\dfrac{n}{8}\Big) \\ &L_{\mathrm{w}}\Big[r_0\cos\theta_0-L-\dfrac{(4-n)L_{\mathrm{w}}}{16}\Big]\Big\} \end{aligned} \\[4mm]
H\cot\beta>\Big(\dfrac{1}{2}-\dfrac{n}{8}\Big)L_{\mathrm{w}} \text{ 且 } n_{22}=0 \quad \begin{aligned} &q_2\Omega\Big\{n_2\Big(\dfrac{L_{\mathrm{w}}}{2}\Big)^2-L_2\Big(H\cot\beta+L-r_0\cos\theta_0-\dfrac{L_2}{2}\Big)- \\ &\Big(\dfrac{1}{2}-\dfrac{n}{8}\Big)L_{\mathrm{w}}\Big[r_0\cos\theta_0-L-\dfrac{(4-n)L_{\mathrm{w}}}{16}\Big]\Big\} \end{aligned}
\end{cases}
\tag{3.4}
$$

其中，$q_3=\gamma_{\mathrm{w}}H_{\mathrm{w}}/2\cosh[\lambda(d+H_{\mathrm{act}})]$，$L_2=H/\cot\beta-L_{\mathrm{w}}(n_2+n_{22}/2+n/8)$，$q_2=\dfrac{(q_1+q_3)}{2}$，$n_2=[H\cot\beta/L_{\mathrm{w}}-n/8]$，$n_{22}=[2H\cot\beta/L_{\mathrm{w}}-2n_2-1/2]$，$n$ 是时刻点编号，$n=0\sim3$。

$CD$ 段波压力做功功率为：

当 $S+H/\tan\beta\leqslant1/2-(n/8)L_{\mathrm{w}}$ 时，

$$
\dot{W}_{q3}=q_3\Omega\Big[S\Big(\dfrac{S}{2}+H\cot\beta+L-r_0\cos\theta_0\Big)\Big]
\tag{3.5}
$$

当 $H/\tan\beta>1/2-(n/8)L_{\mathrm{w}}$，且 $L_{\mathrm{w}}/2-L_2\geqslant S$ 时，

$$
\dot{W}_{q3}=\begin{cases}
n_{33}=1 \quad q_3\Omega\Big[-S\Big(\dfrac{S}{2}+H\cot\beta+L-r_0\cos\theta_0\Big)\Big] \\[2mm]
n_{33}=0 \quad q_3\Omega S\Big(\dfrac{S}{2}+H\cot\beta+L-r_0\cos\theta_0\Big)
\end{cases}
\tag{3.6}
$$

当 $H/\tan\beta>1/2-(n/8)L_{\mathrm{w}}$，而 $L_{\mathrm{w}}/2-L_2<S$ 时，

$$\dot{W}_{q3}=\begin{cases} n_{22}=1,n_{33}=1 & \begin{aligned} & q_3\Omega\Big\{L_{31}\Big(\dfrac{H}{\cot\beta}+L+\dfrac{L_{31}}{2}-r_0\cos\theta_0\Big)+n_3\Big(\dfrac{L_\mathrm{w}}{2}\Big)^2+ \\ & L_{32}\Big(S+\dfrac{H}{\cot\beta}+L-r_0\cos\theta_0-\dfrac{L_{32}}{2}\Big)- \\ & \dfrac{L_\mathrm{w}}{2}\Big[\dfrac{H}{\cot\beta}+L+L_{31}+\Big(n_3+\dfrac{1}{4}\Big)L_\mathrm{w}-r_0\cos\theta_0\Big]\Big\} \end{aligned} \\[2em] n_{22}=1,n_{33}=0 & \begin{aligned} & q_3\Omega\Big[L_{31}\Big(\dfrac{H}{\cot\beta}+L+\dfrac{L_{31}}{2}-r_0\cos\theta_0\Big)+n_3\Big(\dfrac{L_\mathrm{w}}{2}\Big)^2- \\ & L_{32}\Big(S+\dfrac{H}{\cot\beta}+L-r_0\cos\theta_0-\dfrac{L_{32}}{2}\Big)\Big] \end{aligned} \\[2em] n_{22}=0,n_{33}=1 & \begin{aligned} & q_3\Omega\Big\{-L_{31}\Big(\dfrac{H}{\cot\beta}+L+\dfrac{L_{31}}{2}-r_0\cos\theta_0\Big)-n_3\Big(\dfrac{L_\mathrm{w}}{2}\Big)^2- \\ & L_{32}\Big(S+\dfrac{H}{\cot\beta}+L-r_0\cos\theta_0-\dfrac{L_{32}}{2}\Big)+ \\ & \dfrac{L_\mathrm{w}}{2}\Big[\dfrac{H}{\cot\beta}+L+L_{31}+\Big(n_3+\dfrac{1}{4}\Big)L_\mathrm{w}-r_0\cos\theta_0\Big]\Big\} \end{aligned} \\[2em] n_{22}=0,n_{33}=0 & \begin{aligned} & q_3\Omega\Big\{-L_{31}\Big(\dfrac{H}{\cot\beta}+L+\dfrac{L_{31}}{2}-r_0\cos\theta_0\Big)-n_3\Big(\dfrac{L_\mathrm{w}}{2}\Big)^2+ \\ & L_{32}\Big(S+\dfrac{H}{\cot\beta}+L-r_0\cos\theta_0-\dfrac{L_{32}}{2}\Big) \end{aligned} \end{cases} \tag{3.7}$$

式（3.7）、式（3.8）中，$L_{31}=L_\mathrm{w}/2-L_2$，$n_3=(S-L_{31})/L_\mathrm{w}$，$n_{33}=[2(S-L_{31})/L_\mathrm{w}-2n_3]$，$L_{32}=S-L_{31}-(n_3+\dfrac{n_{33}}{2})L_\mathrm{w}$。

当 $H/\tan\beta\leqslant1/2-(n/8)L_\mathrm{w}$，但 $S+H/\tan\beta>1/2-(n/8)L_\mathrm{w}$ 时，

$$\dot{W}_{q3}=\begin{cases} n_{33}=1 & \begin{aligned} & q_3\Omega\Big\{\Big[\Big(\dfrac{1}{2}-\dfrac{n}{8}\Big)L_\mathrm{w}-\dfrac{H}{\tan\beta}\Big]\Big[\dfrac{(4-n)L_\mathrm{w}}{16}+\dfrac{H\cot\beta}{2}+L-r_0\cos\theta_0\Big]+ \\ & n_3\Big(\dfrac{L_\mathrm{w}}{2}\Big)^2-\dfrac{L_\mathrm{w}}{2}\Big(S+\dfrac{H}{\tan\beta}+L-r_0\cos\theta_0-L_{32}-\dfrac{L_\mathrm{w}}{4}\Big)+ \\ & L_{32}\Big(S+\dfrac{H}{\tan\beta}+L-r_0\cos\theta_0-\dfrac{L_{32}}{2}\Big)\Big\} \end{aligned} \\[2em] n_{33}=0 & \begin{aligned} & q_3\Omega\Big\{\Big[\Big(\dfrac{1}{2}-\dfrac{n}{8}\Big)L_\mathrm{w}-\dfrac{H}{\tan\beta}\Big]\Big[\dfrac{(4-n)L_\mathrm{w}}{16}+\dfrac{H\cot\beta}{2}+L-r_0\cos\theta_0\Big]+ \\ & n_3\Big(\dfrac{L_\mathrm{w}}{2}\Big)^2+L_{32}\Big(S+\dfrac{H}{\tan\beta}+L-r_0\cos\theta_0-\dfrac{L_{32}}{2}\Big)\Big\} \end{aligned} \end{cases} \tag{3.8}$$

其中，$n_{33}=\Big[\dfrac{2(S+H\cot\beta)}{L_\mathrm{w}}-2n_3-\Big(1-\dfrac{n}{4}\Big)\Big]$，$L_{32}=S+H\cot\beta-L_\mathrm{w}\Big(n_3+\dfrac{n_{33}}{2}+\dfrac{1}{2}-\dfrac{n}{8}\Big)$，$n_3=\Big[\dfrac{S+H\cot\beta}{L_\mathrm{w}}-\Big(\dfrac{1}{2}-\dfrac{n}{8}\Big)\Big]$，$n$ 是时刻点编号，$n=0\sim3$。

在 $t_4\sim t_7$ 时刻的波浪力与 $t_0\sim t_3$ 时刻的波形相同、方向相反，故其波浪力做功的功率可用上述公式（3.3）～式（3.8）的相反数形式表达。基于分段表达的海底斜坡波浪力功率公式（3.3）～式（3.8），则波浪力做功的总功率可表达为

$$\dot{W}_q = \dot{W}_{q1} + \dot{W}_{q2} + \dot{W}_{q3} = \gamma_w r_0^3 \Omega f_q \tag{3.9}$$

式中，$f_q$ 表示与波浪力功率 $W_q$ 对应的关于 $\theta_0$、$\theta_h$ 和 $\beta'$ 的函数，其表达式由式（3.3）～式（3.8）具体给出；同时，$f_q$ 也是一个关于波高 $H_w$、波长 $L_w$ 及滑体几何参数 $H$、$L$、$S$ 相关的函数，为得出形同式（3.10）的无量纲形式，计算中将 $H$、$L$、$S$ 按式（2.34）转化成 $\overline{H}$ 和 $\overline{S}$ 的无量纲化参数，将 $H_w$、$L_w$ 按式（3.10）转化为 $\overline{H}_w$ 和 $\overline{L}_w$ 形式，从而将波浪与坡体的几何参数相联系，以方便求解。

$$\overline{H}_w = \frac{H}{r_0} = \frac{H}{H_{act}} \frac{H_{act}}{r_0} = \frac{H}{H_{act}} \overline{H} \tag{3.10a}$$

$$\overline{L}_w = \frac{L}{r_0} = \frac{L}{H_{act}} \frac{H_{act}}{r_0} = \frac{L}{H_{act}} \overline{H} \tag{3.10b}$$

### 3.3.2　虚功率方程

对于波浪作用下的海底斜坡，其外力功率包括自重功率、孔隙水压力功率以及波浪力功率，在图 3.2 的旋转破坏机构下，海底斜坡总的外力功率 $\dot{W}_{ext}$ 可以表示为各自做功功率之和，具体表达如下：

$$\begin{aligned} \dot{W}_{ext} &= WV^* + PV^* + QV^* = \dot{W}_g + \dot{W}_b + \dot{W}_w + \dot{W}_q \\ &= \gamma \Omega r_0^3 \{ (f_1 - f_2 - f_3 - f_4) + (\gamma_w/\gamma) \cdot (f_p + f_q) \} \end{aligned} \tag{3.11}$$

由于海底斜坡被假定为刚体，根据极限分析上限定理可知，海底斜坡滑体整个系统的内能耗散功率只发生在速度间断面 $BD$ 上。当滑体转动时，在速度间断面上任意区域的内能耗散率等于这块区域面积 $ds$ 与土体的黏聚力 $c$ 以及与跨该面的间断速度（切线方向的速度）$V\cos\varphi$ 的连乘积，其中 $ds = rd\theta/\cos\varphi$。沿整个速度间断面积分，即得出破坏机构总的内能耗散率 $\dot{W}_{int}$，如下式所示。

$$\dot{W}_{int} = \int_{\theta_0}^{\theta_h} c(V\cos\varphi) \frac{r(\theta)}{\cos\varphi} d\theta = \frac{cr_0^2 \Omega}{2\tan\varphi} \left[ e^{2(\theta_h - \theta_0)\tan\varphi} - 1 \right] \tag{3.12}$$

根据极限分析上限定理，以对数螺线形式旋转的破坏机构，当外功率等于内能耗散率时，坡体恰好处于临界失稳状态（即将发生滑动破坏），此时获得的临界高度即为该问题的一个真实上限解。由此令式（3.11）和式（3.12）相等，即 $\dot{W}_{ext} = \dot{W}_{int}$，建立外力功率与内能耗散率平衡方程，进一步整理后，可获得关于斜坡高度 $H$ 的表达式（3.13）

$$H = \frac{\frac{c}{2\tan\varphi} \{ \exp[2(\theta_h - \theta_0)\tan\varphi] - 1 \} \overline{H}}{\gamma \left[ (f_1 - f_2 - f_3 - f_4) + \frac{\gamma_w}{\gamma}(f_p + f_q) \right]} \tag{3.13}$$

式中，$H$ 是关于 $\theta_0$、$\theta_h$ 和 $\beta'$ 的函数；通过搜索程序，在允许的范围内变化三个控制变量的值可以得到 $H$ 的最小值，以此作为波浪作用下海底斜坡临界高度。对于一个几何条件（坡高 $H$ 和坡角 $\beta$）和土性参数（$c$ 和 $\varphi$）确定且遵循对数螺线面滑动的海底斜坡，结合强度折减技术，可建立如式（3.14）所示的斜坡稳定性极限状态方程：

$$FS = \frac{2(\theta_h - \theta_0)\tan\varphi_m}{\ln\left\{ 1 + 2\frac{\gamma H}{c_m \overline{H}} \left( f_A + \frac{\gamma_w}{\gamma} f_B \right) \tan\varphi_m \right\}} \tag{3.14}$$

式中，$FS$ 是关于 $\theta_0$、$\theta_h$ 和 $\beta'$ 的非线性隐式函数，$f_A = f_1 - f_2 - f_3 - f_4$，$f_B = f_p + f_q$，详见式（2.36）、式（2.33）和式（3.9），其他参数的定义同前。采用多变量无导数求极值的逐级迭代方法，当 $H$ 赋值为边坡的实际高度时，先假定一个初始折减系数 $FS$，再逐步改变 $FS$（增大或减小），使土体的抗剪强度参数 $c$ 与 $\tan\varphi$ 同步变化，直至获得土坡临界高度无限接近于实际斜坡高度，此时得到的折减系数 $FS$ 即为边坡的安全系数，具体的优化程序与第 2 章类似。

### 3.3.3 算例分析

某黏土质海底斜坡，坡角为 $\beta = 5°$，坡高为 $H_{act} = 15\text{m}$；土体重度为 $\gamma = 20\text{kN/m}^3$，土体抗剪强度参数为 $\varphi = 2°$，$c = 20\text{kPa}$。考虑这一海底斜坡所处海水深度为 $d = 10\text{m}$，选取波浪波长和波高分别为 $L_w = 30\text{m}$ 和 $H_w = 2.5\text{m}$、$L_w = 30\text{m}$ 和 $H_w = 5\text{m}$、$L_w = 45\text{m}$ 和 $H_w = 2.5\text{m}$、$L_w = 45\text{m}$ 和 $H_w = 5\text{m}$、$L_w = 60\text{m}$ 和 $H_w = 2.5\text{m}$ 及 $L_w = 60\text{m}$ 和 $H_w = 5\text{m}$ 六组工况，开展波浪加载下海底斜坡稳定性的上限极限分析，所得安全系数 $FS$ 与计算时刻 $t$ 间的关系曲线如图 3.4 所示。计算中以一个波浪周期 $T$ 为基本单位，将 $T$ 平均分为 8 个计算时刻（$t_0 \sim t_7$），分别计算不同时刻 $t$ 海底斜坡稳定性的安全系数，取各安全系数中的最小值作为该类波浪周期下海底斜坡的整体稳定性安全系数。

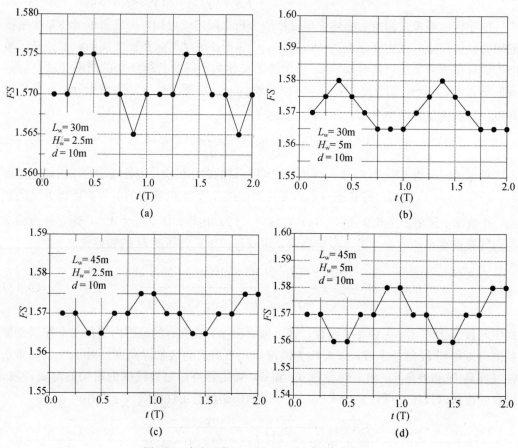

图 3.4 安全系数（$FS$）随时间 $t$ 的变化曲线

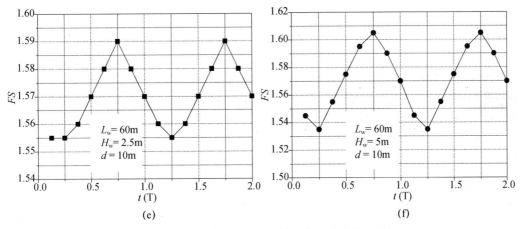

图 3.4　安全系数（FS）随时间 $t$ 的变化曲线（续）

从图 3.4 中可以看出，在考虑波浪力的影响时，随时间变化，海底斜坡的安全系数是围绕静水条件下的安全系数在一定范围内波动的；而随着波浪的增大，这种波动将越来越剧烈；对于不同的波浪（不同的波高和波长），计算取得最小安全系数的时刻一般不同，但在这一时刻附近计算得到的安全系数普遍较小。

波长、波高等参数对波浪力作用下海底斜坡的安全系数有较大的影响。通过对图 3.4 的竖向对比可知，随着波高 $H_w$ 的增加，海底斜坡的安全系数逐渐降低；同样的，通过对图 3.4 的横向对比可知，安全系数也随着波长 $L_w$ 的增加而逐渐降低。对于常规波浪（图 3.4a～图 3.4d 所示波浪），波浪对于海底斜坡稳定性的影响很弱；但在极端波浪条件下（图 3.4f 所示），海底斜坡的稳定性将明显减弱，甚至发生大规模滑动。

表 3.1 给出了水深对于海底斜坡稳定性安全系数的影响。对比分析表 3.1 可知，海底斜坡的安全系数随着水深的增加而逐渐增大，当水深足够大时，考虑波浪力作用的安全系数几乎趋近于静水条件下的安全系数（1.570）；此外，对于考虑波浪力作用下的海底斜坡稳定性，波浪的影响深度大约为波长的一半。

表 3.1　水深对海底斜坡安全系数的影响

| $d$/m | $H_w=5$m | | | | $H_w=10$m | | | | 静水条件 |
| | $L_w$/m 40 | $L_w$/m 80 | $L_w$/m 120 | $L_w$/m 160 | $L_w$/m 40 | $L_w$/m 80 | $L_w$/m 120 | $L_w$/m 160 | |
|---|---|---|---|---|---|---|---|---|---|
| 20 | 1.570 | 1.535 | 1.527 | 1.540 | 1.570 | 1.504 | 1.490 | 1.516 | |
| 40 | 1.570 | 1.568 | 1.552 | 1.554 | 1.570 | 1.565 | 1.535 | 1.539 | |
| 60 | 1.570 | 1.570 | 1.569 | 1.563 | 1.570 | 1.570 | 1.561 | 1.555 | 1.570 |
| 80 | 1.570 | 1.570 | 1.570 | 1.569 | 1.570 | 1.570 | 1.569 | 1.568 | |
| 100 | 1.570 | 1.570 | 1.570 | 1.570 | 1.570 | 1.570 | 1.570 | 1.570 | |
| 120 | 1.570 | 1.570 | 1.570 | 1.570 | 1.570 | 1.570 | 1.570 | 1.570 | |

注：$d$ 为水深；$H_w$ 为波高；$L_w$ 为波长。

# 3.4 小 结

考虑波浪荷载，采用一阶线性波浪理论，基于极限分析上限定理对波浪荷载作用下的海底斜坡稳定性进行了极限分析上限求解。在计算过程中，将正弦波压力简化为矩形模式，可以方便地求出波浪力的合力和作用点，从而得到波浪力对斜坡海床做功功率。为了分析不同时刻波压力作用下海底斜坡的稳定性，在一个波浪周期内平均取 8 个计算时间点，求解这 8 个时刻波压力作用下海底斜坡的稳定性安全系数，并取最小值作为该波浪作用下海底斜坡的整体稳定安全系数。

针对一黏土斜坡海床，根据上述思路对不同海况条件下海底斜坡的稳定性进行分析。结果表明，安全系数随着波长或波高的增加而逐渐减小，在极端波浪条件下，波浪对海底斜坡的稳定性有显著影响。随着水深的增加，安全系数逐渐增大，最后趋于静水条件下的安全系数；通过分析表明，波浪的影响深度大约为波长的一半。

# 第4章 线性波加载下海底斜坡
# 稳定性上限极限分析

## 4.1 概　述

黏土质斜坡海床在循环周期波浪荷载作用下，土体强度会发生弱化效应，在未来遭遇 50 年或 100 年一遇的极端波浪荷载作用时极易发生失稳破坏，给海洋工程建设和正常运营带来严重影响。目前，对海底斜坡稳定性分析最常采用的方法是极限平衡法（Henkel，1970；叶银灿等，1996；宋连清等，1999；李安龙等，2004；刘晓丽等，2015），但该方法引入了滑动面形状、位置及条间力等一系列假定条件，得到的解答仍然是一种近似解；而极限分析上限方法假定的对数螺线滑动面正好可以弥补这劣势，其不仅可以考虑斜坡海床的浅层或深部滑动，而且还可以给出满足精度要求的真实解，因而在海底斜坡稳定性分析中得到了快速的发展。

极限分析上限法的理论基础是功能平衡即外力功率与内能耗散功率相等，对于波浪荷载作用下的海底斜坡，其外力包括重力、孔隙水压力、波压力。在极限分析上限法中，孔隙水压力对斜坡滑体的做功功率通常等效为浮力功率与渗流力做功功率的叠加（Michalowski 等，1994，2006；Kim 等，1993；殷建华等，2003；刘博，2014），但对于完全浸没的海底斜坡而言，土体内部的渗流力几乎为零，孔隙水压力对滑体的做功功率就等于浮力做功功率，基于滑体刚体假定，海底滑坡体自身重力与所受孔隙水压力总的外力功率可以采用有效重度进行等效计算。在波浪荷载处理方面，刘博（2014）采用一阶线性波浪理论来求解波浪在海床表面的波压力，并将其简化为矩形形式，求解波压力做功功率，并将其引入到虚功率方程中，得到了考虑波浪荷载作用的海底斜坡稳定性安全系数。但是波压力的简化，可能导致计算结果无法反应真实的情况。

因此，本章基于极限分析上限定理和对数螺线型滑移破坏模式，推导了真实波压力对海底斜坡的做功功率，同海底斜坡重力做功功率一起引入到虚功率方程中，建立了极端波浪作用下海底斜坡稳定性的极限状态方程；利用最优化方法并结合强度折减技术，求解不同时刻的海底斜坡稳定性系数及其相应的临界滑动面；由于波浪力功率为积分表达式，为克服积分式的复杂解析计算，引入数值积分技术求解该问题。进一步地，开展了上限极限分析与有限元计算结果的对比研究，结果表明本文方法具有较高的精度。最后，结合典型案例，探讨了波浪参数（波高、波长、水深）与坡长（小于一个波长）对海底斜坡稳定性的影响。

## 4.2　波浪诱发的海底波压力

波浪在传播过程中会对其下方的斜坡海床产生动水压力即波压力,在这种压力作用斜坡土体内的应力会发生改变,当应力超过土体的抗剪强度时,就会诱发斜坡海床失稳从而发生大规模滑动。根据前人的研究成果,当海底斜坡坡度小于20°时,波浪诱发海床波压力可以采用线性波浪理论进行求解,故这里采用一阶线性波浪理论研究斜坡海床的稳定性(顾小芸,1996;宋连清等,1999;孙永福等,2006)。

图4.1给出了波浪荷载在海床诱发的波压力,其波压力的具体表达式与式(3.1)相同。由式(3.1)可知,在某一计算时刻,波压力是随空间变化的正弦函数。在海底斜坡稳定性的静力分析中,为了计算方便,一般对波压力形式进行了简化处理。

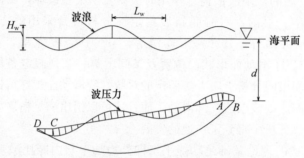

图4.1　线性波浪作用下斜坡海床的波压力分布

（1）三角形模式

贾永刚等(2011)采用圆弧振荡剪切破坏模式,基于极限平衡法对波浪作用下海底斜坡稳定性进行分析时,为了便于求解波压力绕旋转中心的转动合力矩,将正弦形波浪荷载简化为三角形荷载(图4.2),在半个波长范围内求得波压力合力,以合力形式求解转动力矩。

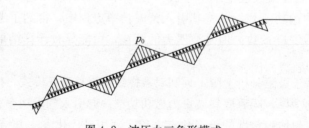

图4.2　波压力三角形模式

（2）矩形模式

刘博(2014)在对波浪加载下的海底斜坡稳定性进行上限分析时,为了求解波压力对斜坡海床滑体的做功功率,将波压力简化成为矩形模式,每半个周期内,波压力幅值可等效为波幅平均值$2P_0/\pi$,近似取$0.65P_0$作为水平海床的上覆压力幅值,方向垂直指向海床表面,简化波压力如图4.3所示。

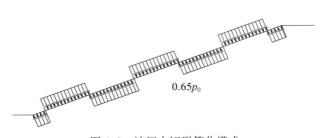

0.65$p_0$

图 4.3　波压力矩形简化模式

上述波压力的简化模式尽管很好地实现了波浪作用下海底斜坡的稳定性分析，但由于简化的影响，会导致计算结果与真实解答之间有一定的差异。郭代培（2008）通过对比分析三角形波压力与余弦波压力加载下海底斜坡稳定性的计算结果，发现三角形波压力下的解答与余弦波压力加载下的结果有差异，而且余弦波压力的计算结果更符合真实情况。因此，这里采用图 4.1 所示的真实波压力，对波浪荷载下海底斜坡的稳定性进行分析。在计算波浪作用下海底斜坡的稳定性安全系数时，通常做法是直接假定时间等于零，但这种假定可能会导致稳定性分析未在最大峰值波压力下进行，计算得到的结果偏大。因此，笔者在一个波浪周期内平均取八个时间节点，分别记为 $t_1 \sim t_8$ 时刻（其时间间隔为 $T/8$，$T$ 是波浪传播的周期），分别计算这八个时刻波浪力作用下海底斜坡的安全系数，并取最小值作为该波浪荷载作用下海底斜坡的稳定性安全系数。

## 4.3　线性波加载下海底斜坡稳定性的上限解法

### 4.3.1　海底滑体重力做功的功率

为了求解海底滑体重力做功功率，将整个滑体分为四个区域，分别是 $OBDO$、$OBAO$、$CADC$ 和 $OADO$，各自重力功率为 $\dot{W}_1$、$\dot{W}_2$、$\dot{W}_3$ 和 $\dot{W}_4$，采用叠加法得滑体 $ABDC$ 重力做功功率如式（4.1）

$$\dot{W}_g = \dot{W}_1 - \dot{W}_2 - \dot{W}_3 - \dot{W}_4 = \gamma' r_0^3 \Omega (f_1 - f_2 - f_3 - f_4) \tag{4.1}$$

式中，$\gamma'$ 是滑体的浮重度，$f_1$、$f_2$、$f_3$ 和 $f_4$ 分别表示与 $\dot{W}_1$、$\dot{W}_2$、$\dot{W}_3$ 和 $\dot{W}_4$ 对应的关于 $\theta_0$、$\theta_h$ 和 $\beta'$ 的函数，详见式（2.36）中。

### 4.3.2　波压力做功功率

图 4.4 所示为线性波作用下海底斜坡的对数螺线破坏机构。海底斜坡除了受自身重力作用外，同时还受到波浪诱发的波压力作用。为了实现波压力作用下海底斜坡的稳定性上限分析，首先推导海床表面波压力对斜坡滑体的做功功率。

线性波浪诱发的海底波压力任意时刻做功的功率可表达为

$$\dot{W}_q = \int_S p v_i \mathrm{d}S = \frac{\gamma_w H_w}{2} \int_S \frac{v_i \sin(\lambda x - \omega t)}{\cosh(\lambda d)} \mathrm{d}S \tag{4.2}$$

式中，$v_i$ 表示滑体上界面 $ABDC$ 上的运动速度场。

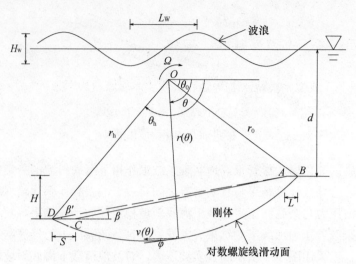

图 4.4　考虑波浪荷载作用的海底斜坡破坏模式

由于式（4.2）为复杂积分式，求解比较困难，故引入极坐标系，推导极坐标系旋转机制下波压力对斜坡海床做功功率。

具体做法如下：先建立极坐标系，以 $O$ 点为极点，$OX$ 为极轴，顺时针为正向，如图 4.5 所示。在图 4.5 中，$\theta_a$、$\theta_c$ 分别是基线 $OA$、$OC$ 与极轴 $OX$ 的夹角，下面分别推导 $AB$、$AC$、$CD$ 段波浪压力对斜坡海床的做功功率 $\dot{W}_{q1}$、$\dot{W}_{q2}$、$\dot{W}_{q3}$。

以 $AC$ 段为例，推导波浪荷载的做功功率 $\dot{W}_{q1}$，取一微元 $OMN$（如图 4.6 所示），其中 $M$、$N$ 均为 $AC$ 界面上的任意两点，$l_{OM}$、$l_{ON}$ 分别为 $OM$、$ON$ 的长度。

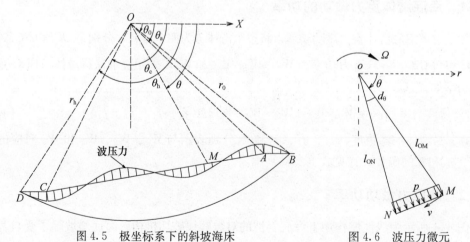

图 4.5　极坐标系下的斜坡海床　　　　　图 4.6　波压力微元

在极坐标系下，$AC$ 段任一点处的波压力可根据式（3.1）改写为

$$p=\frac{\gamma_{w}H_{w}}{2\cosh(\lambda d_{1})}\sin\left\{\frac{\lambda r\cos\beta[\overline{L}\sin\theta-\sin(\theta-\theta_{0})]}{\sin(\theta+\beta)}-\omega t\right\} \qquad (4.3)$$

式中，$d_1$ 为 $AC$ 段任一点处的水深，表达为

$$d_{1}=d+r_{0}\cos\beta[\sin(\theta+\theta_{0})-\overline{L}\sin\theta]\tan\beta/\sin(\theta+\beta) \qquad (4.4)$$

根据图 4.5 几何关系可得

$$l_{OM} = r_0 \left[ \sin(\theta_0 + \beta) - \overline{L}\sin\beta \right] / \sin(\theta + \beta) \tag{4.5}$$

因此，微元段 $MN$ 上的波压力 $\mathrm{d}p$ 可表达为

$$\mathrm{d}p = p \cdot l_{OM}\mathrm{d}\theta \tag{4.6}$$

在旋转机制下，该微元段波压力对海底斜坡滑体的做功功率为

$$\mathrm{d}\dot{W} = l_{OM}\Omega\cos\theta\mathrm{d}p = pl_{OM}^2\Omega\cos\theta\mathrm{d}\theta \tag{4.7}$$

把式（4.5）代入到式（4.7）整理得

$$\mathrm{d}\dot{W} = \frac{r_0^2 r_w H_w \Omega}{2\cosh\{\lambda d + \lambda r_0 \sin\beta[\sin[\theta - \theta_0] - \overline{L}\sin\theta]/\sin(\theta + \beta)\}} \cdot \left[\cos\theta/\sin^2(\beta + \theta)\right] \cdot$$
$$\left[\sin(\theta_0 + \beta) - \overline{L}\sin\beta\right]^2 \cdot \sin\{\lambda r_0 \cos\beta[\overline{L}\sin\theta - \sin(\theta - \theta_0)]/\sin(\theta + \beta) - \omega t\}\mathrm{d}\theta \tag{4.8}$$

对 $AC$ 段进行积分，即可得到任一计算时刻 $AC$ 段总的波压力做功功率，具体表达如下

$$\dot{W}_{qAC} = r_0^2 \Omega \int_{\theta_0}^{\theta_a} d\dot{W} = r_0^2 \Omega f_{qAC} \tag{4.9}$$

$$f_{qAC} = \int_{\theta_a}^{\theta_c} \frac{r_w H_w}{2\cosh\{\lambda d + \lambda r_0 \sin\beta[\sin[\theta - \theta_0] - \overline{L}\sin\theta]/\sin(\theta + \beta)\}} \cdot \left[\cos\theta/\sin^2(\beta + \theta)\right] \cdot$$
$$\left[\sin(\theta_0 + \beta) - \overline{L}\sin\beta\right]^2 \cdot \sin\{\lambda r_0 \cos\beta[\overline{L}\sin\theta - \sin(\theta - \theta_0)]/\sin(\theta + \beta) - \omega t\}\mathrm{d}\theta \tag{4.10}$$

$$\theta_c = \frac{\pi}{2} + \arctan\frac{\overline{H}\cot\beta + \overline{L} - \cos\theta_0}{\sin\theta_0 + \overline{H}} \tag{4.11}$$

$$\theta_a = \arctan\left[\sin\theta_0/(\cos\theta_0 - \overline{L})\right] \tag{4.12}$$

式中，$f_{qAC}$ 表示与 $\dot{W}_{qAC}$ 波浪力功率对应的关于 $\theta_0$、$\theta_h$ 和 $\beta'$ 函数，$\theta_a$、$\theta_c$ 分别为积分下限与积分上限。

仿照上述的推导思路，同理可分别求得 $AB$、$CD$ 段波压力的做功功率 $\dot{W}_{qAB}$、$\dot{W}_{qCD}$。$AB$ 段的波压力做功功率可表达为：

$$\dot{W}_{qAB} = r_0^2 \Omega \int_{\theta_0}^{\theta_a} d\dot{W} = r_0^2 \Omega f_{qAB} \tag{4.13}$$

$$f_{qAB} = p_0 \sin^2\theta_0 \cdot \int_{\theta_0}^{\theta_a} \frac{\cos\theta}{\sin^2\theta} \cdot \sin[\lambda r_0 (\overline{L} - \cos\theta_0 + \sin\theta_0 \cot\theta) - \omega t]\mathrm{d}\theta \tag{4.14}$$

$CD$ 段任一时刻波压力做功功率为

$$\dot{W}_{qCD} = r_0^2 \Omega f_{qCD} \tag{4.15}$$

$$f_{qCD} = \int_{\theta_c}^{\theta_h} \frac{r_w H_w}{2\cosh(d + H)} \cdot \frac{\cos\theta\left[\sin\theta_0 + \overline{H}\right]^2}{\sin^2\theta} \cdot \sin\{\lambda r_0 [\overline{L} + (\sin\theta_0 + \overline{H})\cot\theta - \cos\theta_0] - \omega t\}\mathrm{d}\theta \tag{4.16}$$

式（4.14）与（4.16）中的 $f_{qAB}$、$f_{qCD}$ 是与 $\dot{W}_{qAB}$、$\dot{W}_{qCD}$ 对应的关于独立变量 $\theta_0$、$\theta_h$ 和 $\beta'$ 的函数。

基于上述分段表达的波压力做功功率，通过简单的代数运算得到了海床表面任一时刻波压力对滑体的做功总功率，表达为

$$\dot{W}_q = \dot{W}_{qAC} + \dot{W}_{qAB} + \dot{W}_{qCD} = r_0^2 \Omega (f_{qAC} + f_{qAB} + f_{qCD}) \tag{4.17}$$

### 4.3.3　数值积分技术

上述积分式 $f_{qAC}$、$f_{qAB}$ 和 $f_{qCD}$ 很难通过解析的方法求出，为了获得波浪荷载对海底斜坡做功功率，采用复化 Simpson 数值积分法进行求解。下面以求解被积函数 $f(x)$ 在区间 $[a, b]$ 上的定积分来详述求解思路。

首先对积分区间 $[a, b]$ 进行 $n$ 等分，每个子区间的长度用 $h$ 表示，如下：

$$h = (b-a)/n \tag{4.18}$$

式中，$n$ 的大小决定了积分精度，它的取值由误差限控制。

任一子区间为 $[x_k, x_{k+1}]$（$k=0, 1, 2, , n-1$），子区间中间节点定义为 $x_{k+1/2}$，在此区间上使用用 Simpson 求积公式，即：

$$S_k = \int_k^{x_{k+!}} f(x)\mathrm{d}x = \frac{h}{6}\left[f(x_k) + 4f(x_{k+1/2}) + f(x_{k+1})\right] \tag{4.19}$$

在 $n$ 个子区间内应用 Simpson 求积公式求解并求和，得整个区间积分值为

$$S = \sum_{k=1}^{n} S_k = \frac{b-a}{6n}\left[f(a) + 4\sum_{k=0}^{n-1} f(x_{k+1/2}) + 2\sum_{k=1}^{n-1} f(x_k) + f(b)\right] \tag{4.20}$$

基于上述数值积分求解过程，波浪荷载对海底斜坡的外功率容易获得。在旋转破坏机制确定后，利用上述积分公式就可以获得 $f_{q1}$、$f_{q2}$、$f_{q3}$ 的值，从而求得海底斜坡上表面各段波浪荷载功率 $\dot{W}_{q1}$、$\dot{W}_{q2}$、$\dot{W}_{q3}$。因此，任一时刻波浪力做功的总功率可表达为：

$$\dot{W}_q = \dot{W}_{q1} + \dot{W}_{q2} + \dot{W}_{q3} = r_0^2 \Omega (f_{q1} + f_{q2} + f_{q3}) \tag{4.21}$$

### 4.3.4　安全系数求解

基于极限分析上限定理，斜坡海床在自重及线性波压力共同作用下的外力总功率可表达为

$$\dot{W}_{ext} = \dot{W}_g + \dot{W}_q \tag{4.22}$$

式中，$\dot{W}_g$ 为重力功率，详细表达见式（4.1）。

由于波浪荷载对临界滑动面的内能耗散功率无影响，滑坡体内总的内能耗散功率与静水下斜坡体的耗散功率式（2.38）是相同的。

由外功率与内能耗散率相等，建立极限状态平衡方程，得到了线性波压力作用下海底斜坡的临界坡高上限解，表达为

$$H = \overline{H}\left\{\frac{c}{2\tan\varphi}\left[\mathrm{e}^{2(\theta_h-\theta_0)\tan\varphi}-1\right] - (f_{q1}+f_{q2}+f_{q3})\right\}\bigg/\left[\gamma'(f_1-f_2-f_3-f_4)\right] \tag{4.23}$$

结合强度折减技术，即可获得任一时刻波压力作用下海底斜坡的安全系数 $FS$，表达为

$$FS = 2(\theta_h - \theta_0)\tan\varphi_m / f(\theta_0, \theta_h, \beta') \quad (4.24)$$

$$f(\theta_0, \theta_h, \beta') = \ln\left\{1 + \frac{2\tan\varphi_m}{c_m}\left[\frac{H\gamma'}{H} \cdot (f_1 - f_2 - f_3 - f_4) + f_{qAC} + f_{qAB} + f_{qCD}\right]\right\}$$
$$(4.25)$$

为了获得线性波加载下海底斜坡的最优安全系数，转而求解下述约束优化问题：

$$\min FS = f(\theta_0, \theta_h, \beta')$$

$$\text{s. t.} \begin{cases} 0 < \theta_0 < 90° \\ 0 < \theta_h < 180° \\ 0 \leqslant \beta' \leqslant \beta \\ H = H_{act} \end{cases} \quad (4.26)$$

利用 Fortran90 语言，结合图 4.7 所示的优化思路编写计算程序，即可获得任一时刻波压力作用下海底斜坡的稳定性安全系数及相应临界滑动面。

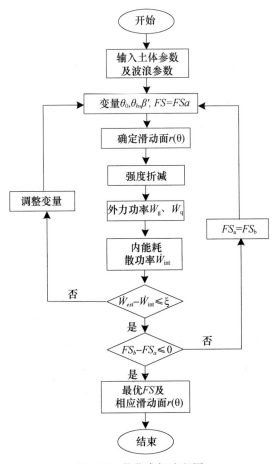

图 4.7 优化求解流程图

## 4.3.5 算例验证

某斜坡海床，坡角为 $\beta = 5°$，坡高为 $H = 15\text{m}$，主要由软黏土构成，其饱和重度为 $\gamma =$

18kN/m³，初始抗剪强度参数为 $\varphi = 2.53°$ 和 $c = 24$kPa。考虑工程扰动对土体强度的弱化效应，将黏聚力和内摩擦角以 25% 进行折减，折减后的强度指标为：$\varphi = 1.9°$，$c = 18$kPa。考虑波压力与重力的双重作用，取计算水深为 8m，以波长和波高分别为：$L_w = 30$m 和 $H_w = 2.5$m、$L_w = 60$m 和 $H_w = 5$m 两种工况，采用图 4.7 所示的求解过程开展斜坡海床稳定性的对比验证。

图 4.8 给出了两种工况下斜坡海床稳定性安全系数的极限分析上限解与有限元解。对比分析可见，本文方法获得的两种工况下斜坡海床稳定性安全系数与有限元解均很接近，差值在 2% 以内。此外，两种方法计算的稳定性安全系数随时间的波动趋势也几乎一致，最小稳定性安全系数均是在相同时刻获得，由此表明本文方法是合理有效的。

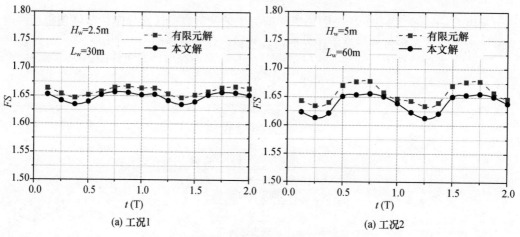

图 4.8　两种方法计算得到的稳定性安全系数

图 4.9 显示的是工况 2（$L_w = 60$m、$H_w = 5$m）条件下，$t_2$ 时刻波浪作用下斜坡海床的临界滑动面位置和斜坡破坏模式，其中黑色虚线是解析方法的结果，等效塑性应变云图是有限元解，对比可以发现解析方法得到的临界滑动面与有限元滑动带位置十分接近，破坏模式也基本一致。

图 4.9　$t_2$ 时刻极限分析法与有限元法确定的破坏机制

# 4.4　参数讨论

## 4.4.1　波浪影响分析

对于波浪作用下的斜坡海床，波高、波长和水深是影响稳定性的重要因素。为了进一步揭示波浪参数对斜坡海床稳定性的影响规律，针对上述算例开展了不同波浪参数下的斜坡海床稳定性分析。

图 4.10 给出了水深 8m 条件下，波长和波高分别为 $L_w＝40m$ 和 $H_w＝2.5m$、$L_w＝80m$ 和 $H_w＝2.5m$ 及 $L_w＝80m$ 和 $H_w＝5m$ 三种工况下的斜坡海床稳定性系数随时间的变化曲线。分析可见，不同海况条件下斜坡海床的稳定性系数均随着时间围绕静水条件下的稳定性安全系数（红色虚线所示，$Fs＝1.650$）上下波动，而且随着波高、波长的增大波动越来越剧烈。对比分析图 4.10（a）与（b），后者的最小稳定性安全系数比前者降低了 3%，说明波长增大，斜坡海床的稳定性系数下降；最小稳定性安全系数与各自静水条件下的稳定性安全系数相比，分别降低 1% 和 3.8%，说明波长对斜坡海床稳定性的影响较小。对比图 4.10（b）与（c）发现，后者的最小稳定性安全系数比前者降低了 3.8%，说明波高增大，斜坡海床的稳定性系数降低；但后者的最小稳定性安全系数比静水条件下的稳定性安全系数降低了 7.5%，说明波高的影响较为明显。综上所述，在特定水深条件下，波浪越大（波高和波长）对斜坡海床稳定性的影响越显著，特别是在极端波浪条件下更应给予关注。

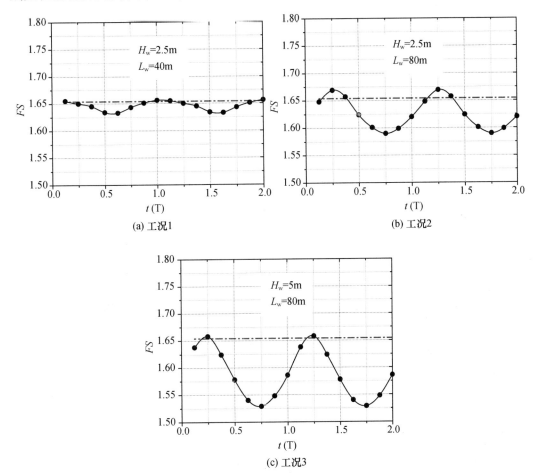

图 4.10　稳定性安全系数随计算时刻的变化曲线

图 4.11 显示 $L_w = 80\text{m}$ 和 $H_w = 5\text{m}$ 工况下，水深对海底斜坡稳定性安全系数的影响。分析可见，随着水深 $d$ 的增加，安全系数随计算时间的变化曲线总体波动幅度降低；但在一个波浪周期内，最小安全系数明显增加。与静水条件下的安全系数（图中点画线）对比，不同水深条件下的最小安全系数降低幅度不明显，最大不超过 5%，这表明水深对斜坡海床稳定性的影响不显著，特别是随着水深增加，波浪对斜坡海床稳定性的影响逐渐减弱直至消失。

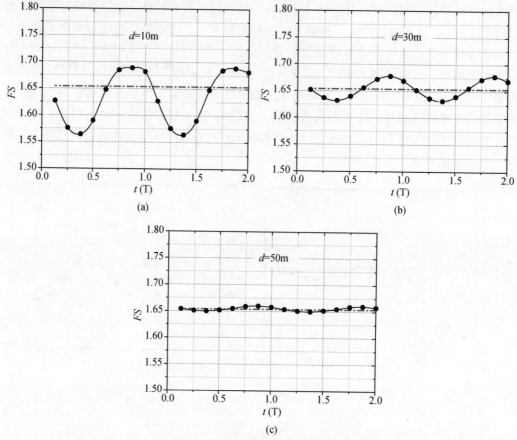

图 4.11　水深对稳定性系数的影响

## 4.4.2　坡长小于一个波长工况分析

仍以上述黏质斜坡海床为例，针对 $L_w = 80\text{m}$ 和 $H_w = 5\text{m}$ 极端海况条件，对海底斜坡坡长小于一个波长工况（$L = L_w$、$3L_w/4$、$L_w/2$、$L_w/4$ 四种工况）进行稳定性上限分析，计算结果列于表 4.1。

表 4.1　海底斜坡坡长对稳定性的影响

| 坡长小于一个波长 $L \leqslant L_w$<br>（$L_w = 80\text{m}$） | 计算时刻 | | | | 静水条件 |
| :---: | :---: | :---: | :---: | :---: | :---: |
| | $T/8$ | $3T/8$ | $5T/8$ | $7T/8$ | |
| $L_w$ | 2.680 | 2.609 | 2.563 | 2.721 | 2.810 |
| $3L_w/4$ | 3.320 | 3.271 | 3.362 | 3.201 | 3.480 |

| 坡长小于一个波长 $L \leqslant L_w$ ($L_w = 80m$) | 计算时刻 | | | | 静水条件 |
|:---:|:---:|:---:|:---:|:---:|:---:|
| | $T/8$ | $3T/8$ | $5T/8$ | $7T/8$ | |
| $L_w/2$ | 4.540 | 4.380 | 4.451 | 4.602 | 4.730 |
| $L_w/4$ | 7.080 | 6.940 | 6.870 | 7.015 | 7.420 |

分析可见，对于给定的斜坡长度，任一时刻的斜坡稳定性系数均小于静水条件下的计算结果，且最大降幅未超过 9%，这比 4.4.1 节极端波浪条件下的计算结果略高，但总体上仍显示一致性。从表中亦可发现，对于某一计算时刻，斜坡海床的稳定性系数随着坡长的增加而显著减小，这表明当海底斜坡长度小于一个波长时其稳定性较低，应引起重视。

## 4.5　小　　结

基于极限分析上限理论，引入强度折减技术和数值积分技术，发展了极端波浪条件下黏土质斜坡海床稳定性的极限分析上限方法，并通过优化技术求解最小稳定性安全系数和相应的临界滑动面。结合典型算例，利用有限元法验证了其可行性。在此基础上，进一步探讨了波浪参数、坡长对海底斜坡稳定性的影响，得出以下结论：

（1）不同海况条件下斜坡海床的稳定性系数均随着时间围绕静水条件下的稳定性安全系数上下波动，且随着波高、波长的增大波动越来越剧烈。在极端波浪条件下，波浪对稳定安全系数的影响幅度可达到 9%，应引起足够重视。

（2）在特定波浪条件下，随着水深的增加，波浪对海底斜坡稳定性的影响逐渐减小，当水深足够大时，这种影响趋于零。

（3）对于海底坡长小于一个波长的工况，其稳定性随着坡长的增加而显著减小，因此在海底斜坡稳定评价中应给予重点关注。

# 第 5 章　非线性波加载下海底斜坡
# 稳定性上限极限分析

## 5.1　概　　述

波浪从深海向近海浅水区传播过程中，由于受海底地形及水深环境的影响，波形会表现出非线性特性，尤其是在波长与水深比值较大的情况下，这种现象特别显著。对于近岸浅水区而言，采用线性波来描述波形与求解波压力往往会带来一定的误差，因此需要考虑波浪的非线性特征对波压力的影响。

目前，描述波浪非线性特征的理论有 Stokes 波理论、椭圆余弦波理论、双曲波理论和孤立波理论，而在海床的稳定性分析中，Stokes 波理论、椭圆余弦波理论是比较常用的理论。王忠涛等（2005）采用二阶 Stokes 波理论与一阶椭圆余弦波理论，基于弹塑性有限元方法对波浪荷载下饱和砂质海床的动力响应进行了分析；胡涛骏等（2007）采用椭圆余弦波理论求解波浪在海床表面诱发的波压力，并进一步对非线性波压力加载下海底斜坡的稳定性进行了分析，得到了不同计算时刻波压力作用下的海底斜坡安全系数。此外，李银发（2009）采用线性叠加法模拟非线性波，对涉水边坡的稳定性进行了计算分析；结果表明，与线性波理论相比，非线性波浪对海底斜坡的稳定性有显著影响。

基于上述研究，本章考虑波浪的非线性特征，采用二阶 Stokes 波浪理论，利用极限分析上限方法对海底斜坡稳定性开展深入研究，并进一步探讨波浪参数对海底斜坡稳定性的影响。

## 5.2　Stokes 波压力

### 5.2.1　二阶 Stokes 波理论

Stokes 波浪理论是最重要的非线性波理论之一，该理论由斯托克斯在 1847 年提出，其后瑞丽等人对该理论进行了深入的研究，并应用于工程实践。Stokes 波浪理论是以摄动展开的方法来求解波浪的非线性边值问题，从而实现对实际波形的描述。根据 Stokes 波摄动展开原理，所有二阶 Stokes 波的理论结果都可通过一阶项加二阶项得到。

图 5.1 给出了二阶 Stokes 波的波形图，其波面方程可表达为

$$\eta = \eta_1 + \eta_2 \tag{5.1}$$

式中，$\eta_1$、$\eta_2$ 分别为一阶项波面方程和二阶项波面方程，具体表达如下

$$\eta_1 = \frac{H_w}{2}\cos(\lambda x - \omega t) \tag{5.2}$$

$$\eta_2 = \frac{\pi H_w}{8}\left(\frac{H_w}{L_w}\right)\frac{\cosh(\lambda d)\cdot\left[\cosh(2\lambda d)+2\right]}{\sinh^3(\lambda d)}\cos 2(\lambda x - \omega t) \tag{5.3}$$

式中，$H_w$、$L_w$ 分别为波高、波长；$\lambda$ 为波数；$d$ 为水深；$\omega$ 为角频率，$x$ 为波面上任一点的横坐标；$t$ 为计算时刻。

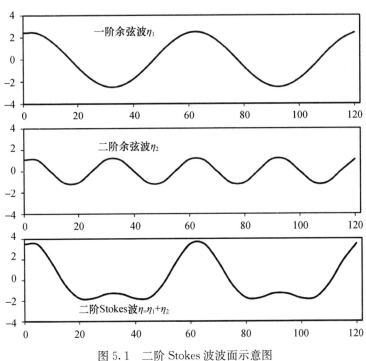

图 5.1　二阶 Stokes 波波面示意图

二阶 Stokes 波波动势函数为

$$\phi = \phi_1 + \phi_2 \tag{5.4}$$

式中，$\phi_1$、$\phi_2$ 分别为一阶流动势函数与二阶流动函数，详细表达如下：

$$\phi_1 = \frac{gH_w}{2\omega}\cdot\frac{\cosh\left[\lambda(z+d)\right]}{\cosh(\lambda d)}\sin(\lambda x - \omega t) \tag{5.5}$$

$$\phi_2 = \frac{3\omega H_w^2}{32}\cdot\frac{\cosh\left[2\lambda(z+d)\right]}{\sinh^4(\lambda d)}\sin 2(\lambda x - \omega t) \tag{5.6}$$

## 5.2.2　二阶 Stokes 波压力求解

根据 Bernoulli 方程可知，波浪场中任一点处的压力与波动势函数满足如下关系：

$$\frac{\partial\phi}{\partial t} + \frac{1}{2}|\nabla\phi|^2 + \frac{p}{\rho} + gx = \frac{p_0}{\rho} \tag{5.7}$$

式中，$\rho$ 为海水密度，$g$ 为重力加速度，$p_0$ 为静水压力。

把式（5.5）与式（5.6）分别带入到式（5.7）中，可分别求得一阶动水压力 $p_1$ 与二阶动水压力 $p_2$，表达为

$$p_1 = \frac{\gamma_w H_w \cosh[k(z+d)]}{2\cosh(\lambda d)} \cos(\lambda x - \omega t) \tag{5.8}$$

$$p_2 = \frac{3}{4}\pi\gamma_w\left(\frac{H_w^2}{L_w}\right)\frac{1}{\sinh[2\lambda(d+z)]} \cdot \{1/\sinh^2[\lambda(d+z)] - 1/3\}\cos2(\lambda x - \omega t) \tag{5.9}$$

根据摄动展开原理，二阶 Stokes 波产生的动水压力可表达为一阶动水压力与二阶动水压力的叠加，即：

$$p = p_1 + p_2 \tag{5.10}$$

令 $z = -d$，则可求得二阶 Stokes 波在海床表面诱发的动水压力即波压力，如式 (5.11) 所示。

$$p = \frac{\gamma_w H_w}{2\cosh(\lambda d)}\cos(\lambda x - \omega t) + \frac{3\pi\gamma_w H_w^2}{4L_w} \cdot \frac{[1/\sinh^2(\lambda d) - 1/3]}{\sinh(\lambda d)} \cdot \cos2(\lambda x - \omega t)$$

$$\tag{5.11}$$

## 5.3 二阶 Stokes 波加载下海底斜坡稳定性上限解法

### 5.3.1 二阶 Stokes 波压力做功功率

仿照前文线性波压力做功功率的求解思路，则获得任一计算时刻二阶 Stokes 波压力对斜坡海床滑体的做功功率。由于海床表面任一点处的水深不同，因此这里分别求解各段（$BA$ 段、$AC$ 段、$CD$ 段）波压力对斜坡滑体的做功功率。

其中，$BA$ 段波压力的做功功率为

$$\dot{W}_{q\_AB} = r_0^2\Omega(f_{q1\_AB} + f_{q2\_AB}) \tag{5.12}$$

式中，$f_{q1\_AB}$、$f_{q2\_AB}$ 都是关于独立变量 $\theta_0$、$\theta_h$ 和 $\beta'$ 的函数，表达如下

$$f_{q1\_AB} = [\gamma_w H_w/2\cosh(\lambda d)]\sin^2\theta_0 \cdot \int_{\theta_0}^{\theta_a}\frac{\cos\theta}{\sin^2\theta} \cdot \cos[\lambda r_0(\overline{L} - \cos\theta_0 + \sin\theta_0\cot\theta) - \omega t]d\theta$$

$$\tag{5.13}$$

$$f_{q2\_AB} = \frac{3}{4}\pi\gamma_w H_w\left(\frac{H_w}{L_w}\right)\frac{1}{\sinh(2\lambda d)}\left[\frac{1}{\sinh^2(\lambda d)} - \frac{1}{3}\right]\sin^2\theta_0 \cdot$$

$$\int_{\theta_0}^{\theta_a}\frac{\cos\theta}{\sin^2\theta} \cdot \cos[2\lambda r_0(\overline{L} - \cos\theta_0 + \sin\theta_0\cot\theta) - 2\omega t]d\theta \tag{5.14}$$

$AC$ 段波压力做功功率为

$$\dot{W}_{q\_AC} = r_0^2\Omega(f_{q1\_AC} + f_{q2\_AC}) \tag{5.15}$$

$$f_{q1\_AC} = \int_{\theta_a}^{\theta_c}\frac{\gamma_w H_w}{2\cos(\lambda d_1)} \cdot [\cos\theta/\sin^2(\beta+\theta)] \cdot [\sin(\theta_0+\beta) - \overline{L}\sin\beta]^2 \cdot$$

$$\tag{5.16}$$

$$\cos\{\lambda r_0\cos\beta[\overline{L}\sin\theta - \sin(\theta-\theta_0)]/\sin(\theta+\beta) - \omega t\}d\theta$$

$$f_{q2\_AC} = \int_{\theta_a}^{\theta_c} \left[\cos\theta / \sin^2(\beta+\theta)\right] \cdot \left[\sin(\theta_0+\beta) - \overline{L}\sin\beta\right]^2 \cdot$$

$$\frac{3}{4}\gamma_w H_w \left(\frac{H_w}{L_w}\right)\frac{1}{\sinh(2\lambda d_1)}\left\{\frac{1}{\sinh^2(\lambda d_1)} - \frac{1}{3}\right\} \cdot \tag{5.17}$$

$$\cos\{2\lambda r_0 \cos\beta[\overline{L}\sin\theta - \sin(\theta-\theta_0)]/\sin(\theta+\beta) - 2\omega t\}d\theta$$

式中，$f_{q1\_AC}$、$f_{q2\_AC}$ 也是关于独立变量 $\theta_0$、$\theta_h$ 和 $\beta'$ 的函数，$d_1$ 为 AC 段任一点处的水深，其在极坐标系下可表达为

$$d_1 = d + r_0 \sin\beta[\sin[\theta-\theta_0] - \overline{L}\sin\theta]/\sin(\theta+\beta) \tag{5.18}$$

CD 段波压力做功功率为

$$\dot{W}_{q\_CD} = r_0^2 \Omega(f_{q1\_CD} + f_{q2\_CD}) \tag{5.19}$$

$$f_{q1\_CD} = \int_{\theta_c}^{\theta_h} \frac{r_w H_w}{2\cosh(d + H_{act})} \cdot \frac{\cos\theta\left[\sin\theta_0 + \overline{H}\right]^2}{\sin^2\theta} \cdot$$

$$\cos\{\lambda r_0[\overline{L} + (\sin\theta_0 + \overline{H})\cot\theta - \cos\theta_0] - \omega t\} \tag{5.20}$$

$$f_{q2\_CD} = \int_{\theta_c}^{\theta_h} \frac{1}{\sinh[\lambda(d + H_{act})]}\left\{\frac{1}{\sinh^2[\lambda(d + H_{act})]} - \frac{1}{3}\right\} \cdot$$

$$\frac{3}{4}\gamma_w H_w\left(\frac{H_w}{L_w}\right) \cdot \frac{\cos\theta\left[\sin\theta_0 + \overline{H}\right]^2}{\sin^2\theta} \cdot \tag{5.21}$$

$$\cos\{2\lambda r_0[\overline{L} + (\sin\theta_0 + \overline{H})\cot\theta - \cos\theta_0] - 2\omega t\}d\theta$$

式中，$H_{act}$ 为海床的实际坡高。

对各段的波压力做功功率进行叠加，即可得到任一计算时刻二阶 Stokes 波压力对斜坡海床总的做功功率，表达为

$$\dot{W}_q = \dot{W}_{q\_AB} + \dot{W}_{q\_AC} + \dot{W}_{q\_CD} = r_0^2 \Omega(f_{q1} + f_{q2}) \tag{5.22}$$

$$f_{q1} = f_{q1\_AB} + f_{q1\_AC} + f_{q1\_CD} \tag{5.23}$$

$$f_{q2} = f_{q2\_AB} + f_{q2\_AC} + f_{q2\_CD} \tag{5.24}$$

式中，$f_{q1}$、$f_{q2}$ 都是关于独立变量 $\theta_0$、$\theta_h$ 和 $\beta'$ 的函数。当 $f_{q2}$ 等于零时，二阶 Stokes 波压力的做功功率 $\dot{W}_q$ 正好退化为线性波压力对斜坡海床的做功功率。

## 5.3.2　虚功率方程

在旋转机制下，斜坡海床滑体在重力及 Stokes 波压力作用下总的外力功率可表达为

$$\dot{W}_{ext} = \dot{W}_q + \dot{W}_g \tag{5.25}$$

式中，$\dot{W}_g$ 为重力对滑体的做功功率，详细表达如式（2.35）所示。

基于上限定理，令外力功率 $\dot{W}_{ext}$ 与内能耗散功率 $\dot{W}_{int}$ 相等，建立临界状态方程，从而得到斜坡海床的临界坡高的上限解表达式：

$$H = \overline{H}\left\{\frac{c}{2\tan\varphi}[e^{2(\theta_h-\theta_0)\tan\varphi} - 1] - (f_{q1} + f_{q2})\right\}/\left[\gamma'(f_1 - f_2 - f_3 - f_4)\right] \tag{5.26}$$

引入强度折减技术，对上式中的的土体参强度参数 $c$、$\varphi$ 按照式（2.16）进行折减，经简化、变换，得到了考虑二阶 Stokes 波压力作用的海底斜坡安全系数 $FS$，其为关于独立变量 $\theta_0$、$\theta_h$、$\beta'$ 的隐式方程。

$$FS = f(\theta_0, \theta_h, \beta') \tag{5.27}$$

$$f(\theta_0, \theta_h, \beta') = \frac{2(\theta_h - \theta_0)\tan\varphi_m}{\ln\left\{1 + \frac{2\tan\varphi_m}{c_m}\left[\frac{H\gamma'}{H} \cdot (f_1 - f_2 - f_3 - f_4) + f_{q1} + f_{q2}\right]\right\}} \tag{5.28}$$

式中，$c_m$、$\varphi_m$ 分别为折减后的土体强度参数。

采用前文的优化求解思路，求解上式安全系数，即可实现非线性波浪荷载作用下海底斜坡的稳定性上限极限分析。特别注意，这里同样对二阶 Stokes 波压力进行了拟静力处理，分别计算一个周期内 $t_1 \sim t_8$ 八个计算时刻波压力作用下海底斜坡安全系数，并取最小值作为该非线性波作用下海底斜坡的稳定性安全系数。

### 5.3.3　算例验证

为了验证方法的正确性，针对文献（刘博，2014）中波浪荷载下黏土质海底斜坡算例进行了具体的计算分析。其中，海底斜坡几何参数：坡高 $H = 15\text{m}$，坡角 $\beta = 5°$；土体参数为：饱和重度 $\gamma = 20\text{kN/m}^3$、内摩擦角 $\varphi = 2°$、黏聚力 $c = 20\text{kPa}$；计算水深 $d = 10\text{m}$。表 5.1 列出了多种方法计算的各种海况下一个周期内最小安全系数的对比结果。特别注意，本文解答是令 $f_{q2}$ 等于零退化为余弦波压力求解得到的结果。

对比分析表中的数据可知，不同海况下，本文方法计算获得的安全系数与极限分析法、有限单元法得到的解答十分接近，误差不超过 1‰；而且随着波浪的增大，安全系数都逐渐降低，说明本文计算结果是合理有效的。此外，本文方法获得的大部分解答都比其他两种方法计算结果略小，由上限定理可知，本文方法得到的解答为严格的上限解，进一步说明本文方法比其他方法更具有优越性。

**表 5.1　不同方法得到的安全系数**

| 计算方法 | 波浪条件（波高 $H_W$、波长 $L_W$） | | |
| --- | --- | --- | --- |
| | $H_W = 2.5\text{m}$、$L_W = 30\text{m}$ | $H_W = 5\text{m}$、$L_W = 60\text{m}$ | $H_W = 8\text{m}$、$L_W = 80\text{m}$ |
| 极限分析法 | 1.564 | 1.536 | 1.456 |
| 有限单元法 | 1.565 | 1.535 | 1.445 |
| 本文方法 | 1.569 | 1.534 | 1.444 |

注：除本文解外，其余都来自文献（刘博，2014）。

## 5.4　参数分析

### 5.4.1　波高、波长影响分析

图 5.2 给出了波长和波高分别为 $L_w = 40\text{m}$ 和 $H_w = 2.5\text{m}$、$L_w = 40\text{m}$ 和 $H_w = 5\text{m}$、$L_w = 80\text{m}$ 和 $H_w = 2.5\text{m}$、$L_w = 80\text{m}$ 和 $H_w = 5\text{m}$ 四种海况下，两种波压力作用下海底斜

坡安全系数随时间的变化曲线。其中，虚线代表二阶 Stokes 波压力作用的计算结果，实线代表线性波压力作用的计算结果，特别注意这里的线性波压力是余弦波压力。

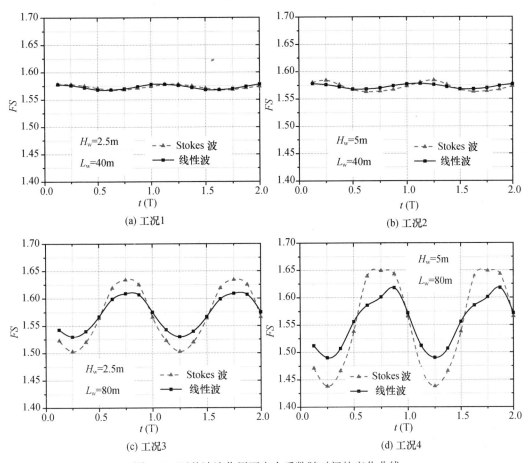

图 5.2　两种波浪作用下安全系数随时间的变化曲线

对比分析图 5.2 可知，不同海况下，两种波压力作用下的海底斜坡安全系数都随着时间围绕静水条件下的安全系数（1.570）上下波动，但两者的波动幅度有一定的差异。随着波高、波长的增加，非线性波作用下安全系数的波动幅度比线性波作用下安全系数的波动幅度更加剧烈；在极端波浪条件下（图 5.2d 所示），非线性波作用下的最小安全系数比线性波作用下的结果降低了 3.4%，与静水条件下的计算结果相比，降低幅度达到了 8.4%，表明一定水深条件下，波浪越大，波浪的非线性特性对海底斜坡的稳定性影响越显著。

## 5.4.2　水深影响分析

图 5.3 为 $L_w=80m$ 和 $H_w=5m$ 工况下，水深对两种波压力加载下海底斜坡稳定性安全系数的影响。分析可见，随着水深的增加，二阶 Stokes 波作用的安全系数随时间的波动幅度逐渐降低，当达到一定深度时，两种波压力作用下的计算结果十分接近。对比分析图 5.3（a）与（c）中的两种结果，发现前者二阶 Stokes 作用下的最小安全系数

比线性波作用下的最小安全系数降低幅度达 2%，而后者二阶 Stokes 作用下的最小安全系数几乎与线性波作用下的结果接近，差值不超过 0.4%，这表明水深对波浪的非线性特性有显著影响，当水深较小时，波浪的非线性特性必须予以考虑。

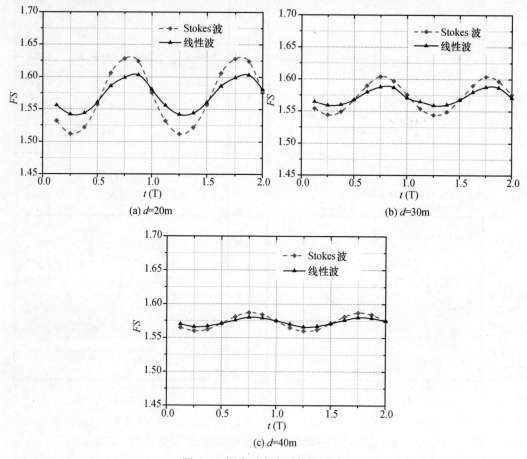

图 5.3　深度对安全系数的影响

### 5.4.3　波长与水深的相关性分析

由上文分析可知，波长是影响波浪非线性特性的一个重要因素，而在不同的水深条件下，不同的波长对波浪的非线性特性影响也是有很大差异的。为了揭示这种差异性，引入一个无量纲参数 $d/L$，图 5.4 给出了波高为 5m 条件下，$3T/8$ 时刻两种波压力作用下安全系数随 $d/L$ 的变化曲线。

对比分析图 5.4 中的两种结果可知，当无量纲参数 $d/L$ 大于 0.5 时，非线性波作用下的安全系数与线性波作用下的计算结果十分接近；而当 $d/L$ 小于 0.5 时，两种波作用下的安全系数有很大差异。随着 $d/L$ 的减小，非线性波压力作用下安全系数的降低幅度比线性波作用下安全系数降低幅度要大，当 $d/L$ 等于 0.25 时，前者比后者降低了 2%，$d/L$ 更小时，两者之间的差值将会更大。因此，建议把水深与波长的比值等于 0.25，作为线性波浪理论与非线性波浪理论适用范围的界限。

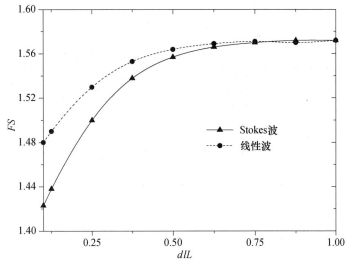

图 5.4　$FS$ 与 $d/L$ 的关系图

## 5.5　小　　结

考虑到波浪非线性特性对海底斜坡稳定性影响，采用二阶 Stokes 波浪理论，求解了波浪在海床表面诱发非线性波压力。基于极限分析上限方法，以对数螺线滑动面为破坏模式，推导了非线性波压力对斜坡海床滑体的做功功率，并以外力功率的形式引入到虚功率方程中，结合强度折减技术与最优化方法实现了对非线性波作用下海底斜坡的稳定性评价。结合典型算例，又进一步讨论了波浪参数对波浪非线性特性的影响。

结果表明，随着波高、波长的增大，波浪非线性特性对海底斜坡的稳定性影响比较显著；在极端波浪条件下，非线性波作用下的安全系数比线性波作用下的结果降低幅度达 $3.4\%$。

对于特定海况条件下的海底斜坡，随着水深的增加，波浪非线性特性逐渐减弱当水深足够大时，非线性波压力加载下的安全系数几乎趋近于线性波作用下的结果，表明水深对波浪的非线性特性有显著影响。

通过分析两种波压力作用下的安全系数与无量参数 $d/L$ 的关系，发现当水深小于 $0.5$ 倍波长时，波浪的非线性特征显著；随着 $d/L$ 值减小，两种波压力下安全系数的差异性显著增大。

# 第6章　复杂环境下海底斜坡稳定性的解析方法

## 6.1　扰动环境下海底斜坡稳定性解析

### 6.1.1　概述

随着海洋石油开发、天然气水合物开采、开挖铺设海底管线、建设人工岛等工程活动的日益频繁，在一定程度上会对工程活动较大范围内的斜坡海床软土造成扰动。一般地，软黏土具有一定的触变性，当其结构受到扰动后在短期内强度会发生弱化，在外力因素作用下极易发生局部滑动甚至大规模滑动，从而威胁着海洋工程的安全运行。

对于土体的扰动特性，近年来国内外学者做了大量的理论研究。Hong & Onitsuka (2000) 对取样扰动后土体的固结压缩曲线变化规律进行了研究，并给出了扰动度的定义来描述土体的扰动程度；随后，Nagaraj & Chung (2004) 对扰动后土体前期屈服应力进行了分析，发现土体灵敏度越高，施工扰动对土体强度的衰减影响很大。邓永峰等 (2007) 在深入研究前人成果的基础上，进一步系统地推导了十字板剪切强度、静力触探锥尖阻力及压缩模量等参数与扰动度的关系，指出它们的变化关系与屈服应力变化关系是一致的。此外，王立忠等 (2001，2007)、王军等 (2005) 针对工程施工扰动原位土体强度的变化规律进行了研究，并取得了一定的成果。

然而，在海底斜坡的稳定性分析中，很少考虑土体扰动效应的影响。因此，在文献 (王立忠等，2007) 扰动度定义的基础上，推导得到了任一扰动状态下土体的不排水强度，利用极限分析上限方法对施工扰动环境下海底斜坡稳定性进行了分析。

### 6.1.2　扰动评价指标

对于斜坡海床的软黏土，其结构性强，灵敏度高，施工扰动极易导致土体结构破坏、强度降低。目前，最常用来描述土体扰动程度的评价指标是扰动度。王军等 (2005) 以十字板试验测定的不排水强度为特征量定义了扰动度，表达为

$$SD = \frac{c_u - c'_u}{c_u} \tag{6.1}$$

式中，SD 为扰动度；$c_u$、$c'_u$ 分别为土体扰动前、扰动后的不排水抗剪强度。

这种扰动度的定义方法，虽然能够描述扰动对不排水强度的影响，但无法描述土体的完全扰动即 $SD = 100\%$。王立忠等 (2007) 在此基础上进行了改进，提出了一种新的扰动度表达式，如式 (6.2)：

$$SD = \frac{c_u - c'_u}{c_u - c_{ur}} \tag{6.2}$$

式中，$c_{ur}$ 为完全扰动后土体的不排水强度。

根据土体灵敏度定义，王立忠等又给出了扰动度与灵敏度之间的关系，

$$SD = \frac{S_t - S'_t}{S_t - 1} \tag{6.3}$$

式中，$S_t$、$S'_t$ 分别为原位土与扰动土的灵敏度。

从上式可以看出，$SD$ 的取值范围在 $0\sim1$ 之间，这种定义方式可以考虑土体的任一扰动状态，因此这里也采用式（6.3）来评价施工对斜坡海床土体的扰动。为了更好地描述海床土体的扰动状态，笔者根据 SD 的取值范围对土体的扰动程度进行了分类，具体分类见表 6.1 所示。

**表 6.1　土体扰动分类**

| 扰动度 $SD$ | 扰动程度 |
| --- | --- |
| 0.0～0.25 | 轻微扰动 |
| 0.25～0.5 | 中等扰动 |
| 0.5～0.75 | 较严重扰动 |
| 0.75～1.0 | 重度扰动 |

## 6.1.3　考虑扰动效应的海底斜坡稳定性上限解法

结合式（6.2）和式（6.3），任一扰动状态下土体的不排水抗剪强度可表达为

$$c'_u = c_u[1 - SD(1 - 1/S_t)] \tag{6.4}$$

基于刚体假定，在旋转机制下，考虑扰动效应斜坡海床的内能耗散功率可表达为

$$\dot{W}_{int} = c'_u r_0^2 \Omega(\theta_h - \theta_0) = c r_0^2 \Omega\left[1 - SD\left(1 - \frac{1}{S_t}\right)\right](\theta_h - \theta_0) \tag{6.5}$$

由于海底斜坡滑体外力只有重力，因此外力总功率 $\dot{W}_{ext}$ 就等于重力功率 $\dot{W}_g$，具体表达式与（4.1）一致。基于上限定理，令外力功率与内能耗散功率相等建立虚功率方程，引入强度折减技术，得到了扰动环境下海底斜坡安全系数的上限解，表达为

$$FS = \frac{c_{um}\left[1 - SD\left(1 - \frac{1}{S_t}\right)\right](\theta_h - \theta_0)}{(H/\overline{H})(f_1 - f_2 - f_3 - f_4)} \tag{6.6}$$

式中，$c_{um}$ 为未扰动土体折减后的强度参数，表达为 $c_{um} = c_u/FS$；其他参数含义同前文。结合最优化技术，采用 2.2 节的求解思路编写计算程序，即可获得不同扰动状态海底斜坡的安全系数及相应临界滑动面，从而实现对扰动环境下海底斜坡稳定性的上限分析。

## 6.1.4　算例分析

对于工程建设频繁的海域，施工扰动对斜坡海床稳定性有显著影响，为了探究施工扰动对海底斜坡稳定性的影响规律，以一软黏土斜坡海床为例，开展了稳定性研究。该海底斜坡坡角为 $\beta = 6°$，坡高 $H = 11\text{m}$，其饱和重度 $\gamma = 15.21\text{kN/m}^3$，初始不排水强度 $c_u = 12\text{kPa}$，土体灵敏度 $S_t$ 的取值大约在 $2\sim4$ 之间。

表 6.2 给出了不同扰动状态下，不同灵敏度软黏土斜坡海床的安全系数。由表中数

据可知，随着扰动度增大，斜坡海床的稳定性安全系数逐渐降低，当扰动度降低到 0.5 时，斜坡海床已经开始失稳发生滑动。在相同扰动环境下，斜坡海床的安全系数随着灵敏度的增大而逐渐降低，表明灵敏度越大，施工扰动对斜坡海床的稳定性影响越显著，必须引起足够的重视。

**表 6.2　扰动对安全系数的影响**

| 灵敏度 $S_t$ | 扰动度 SD | | | | |
|---|---|---|---|---|---|
| | 0 | 0.25 | 0.5 | 0.75 | 1 |
| 2 | 1.55 | 1.361 | 1.166 | 0.972 | 0.778 |
| 3 | 1.55 | 1.293 | 1.037 | 0.778 | 0.515 |
| 4 | 1.55 | 1.264 | 0.972 | 0.680 | 0.389 |

## 6.2　考虑非均质效应的海底斜坡稳定性解析

在海底斜坡的稳定性分析中，计算结果能否反映真实情况，关键在于土体参数的选取。然而，目前边坡工程领域常直接采用直剪试验或三轴试验获取的强度参数进行稳定性分析，而忽略了自然沉积、开挖卸荷等过程所引起土体的非均质性，而土体的非均质性将会显著影响土体的抗剪强度，从而影响计算结果。因此针对非均质海底斜坡（图 6.1），开展了稳定性的上限极限分析。

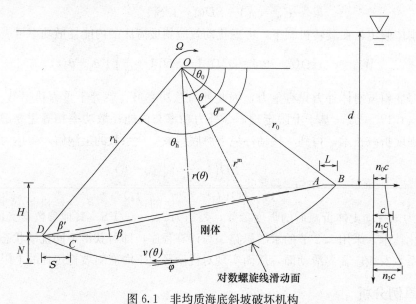

图 6.1　非均质海底斜坡破坏机构

### 6.2.1　非均质性

在边坡稳定性分析中，最常采用的破坏准则是 Mohr-Coulomb，$c$、$\varphi$ 是其两个重要的土体强度参数。在以往的研究中，考虑土体的非均质性时，常常考虑黏聚力的非均质性，认为 $\varphi$ 是均匀的。一般而言，黏聚力 $c$ 是随深度 $z$ 非均匀变化的，图 6.2 给出了黏聚力随深度变化的五种典型模式。

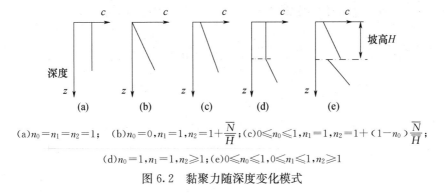

(a)$n_0=n_1=n_2=1$；　(b)$n_0=0,n_1=1,n_2=1+\dfrac{\overline{N}}{\overline{H}}$；(c)$0\leqslant n_0\leqslant 1,n_1=1,n_2=1+(1-n_0)\dfrac{\overline{N}}{\overline{H}}$；

(d)$n_0=1,n_1=1,n_2\geqslant 1$；(e)$0\leqslant n_0\leqslant 1,0\leqslant n_1\leqslant 1,n_2\geqslant 1$

图 6.2　黏聚力随深度变化模式

在图 6.2（e）中所示黏聚力随深度变化模式更具有一般性，任一深度 $z$ 处的黏聚力可表达为

$$c_z=\begin{cases} n_0 c+\dfrac{c(1-n_0)z}{H} & (0\leqslant z\leqslant H) \\[3mm] n_1 c+\dfrac{c(n_2-n_1)(z-H)}{N} & (H\leqslant z\leqslant H+N) \end{cases} \tag{6.7}$$

式中，$H$ 为坡高；$N$ 为滑动面最大深度到坡脚的垂直距离如图 6.1 所示；$c$ 为坡脚土层的黏聚力，$n_0$、$n_1$、$n_2$ 分别为斜坡特殊深度处 $c_z$ 与 $c$ 的比值。对于图 6.2 中其余 4 种黏聚力随深度的变化模式均可通过调整系数 $n_0$、$n_1$、$n_2$ 的取值而得到。

## 6.2.2　内能耗散功率

采用图 6.2（e）中的黏聚力随深度变化模式对海底斜坡稳定性进行了分析，图 6.1 为静水条件下非均质海底斜坡的破坏机构。图中 $N$ 为滑动面最大深度与坡脚水平线段 $DC$ 的垂直距离。根据几何关系，可表达为

$$\overline{N}=\frac{N}{r_0}=\frac{\exp\left[(\pi/2+\varphi-\theta_0)\tan\varphi\right]}{\sqrt{1+\tan^2\varphi}}-\sin\theta_0-\overline{H} \tag{6.8}$$

式中，$\overline{N}$ 为无量纲参数，为 $N$ 与 $r_0$ 的比值。

由式（6.7）可知，黏聚力是随直角坐标 $Z$ 变化的，为了求解旋转机制下非均质海底斜坡内能耗散功率，需把黏聚力转换到极坐标系下，表达如下

$$c(\theta)=c\left\{n_0+\frac{(1-n_0)}{\overline{H}}\left[\sin\theta e^{(\theta-\theta_0)\tan\varphi}-\sin\theta_0\right]\right\}\theta\in[\theta_0,\theta_m] \tag{6.9a}$$

$$c(\theta)=c\left[n_1+\frac{(n_2-n_1)}{\overline{N}}\left(\sin\theta e^{(\theta-\theta_0)\tan\varphi}-\sin\theta_m e^{(\theta_m-\theta_0)\tan\varphi}\right)\right]\theta\in[\theta_m,\theta_h] \tag{6.9b}$$

式中，$\theta_m$ 为坡高处滑动面极径与水平方向的夹角，可通过图 6.1 的几何关系求得，见式（6.10）。

$$\sin\theta_m\exp(\theta_m\tan\varphi)=\sin\theta_h\exp(\theta_h\tan\varphi) \tag{6.10}$$

根据极限分析上限定理，基于刚体假定，非均质海底斜坡潜在滑动面上的内能耗散

功率可表达为

$$\dot{W}_{\text{int}} = c\Omega r_0^2 (q_1 + q_2 + q_3) \tag{6.11}$$

式中，$q_1$、$q_2$、$q_3$ 为内能耗散功率的相关系数，表达如下：

$$q_1 = \frac{n_0 \left[\varphi(\theta)\right]_{\theta_0}^{\theta_{\text{m}}} + n_1 \left[\varphi(\theta)\right]_{\theta_{\text{m}}}^{\theta_{\text{h}}}}{\exp(2\theta_0 \tan\varphi)} \tag{6.12a}$$

$$q_2 = \frac{1 - n_0}{\overline{H} \exp(3\theta_0 \tan\varphi)} \left[\varepsilon(\theta) - \sin\theta_0 \exp(\theta_0 \tan\varphi)\varphi(\theta)\right]_{\theta_0}^{\theta_{\text{m}}} \tag{6.12b}$$

$$q_3 = \frac{(n_2 - n_1)}{\overline{N} \exp(3\theta_0 \tan\varphi)} \left[\varepsilon(\theta) - \sin\theta_{\text{m}} \exp(\theta_{\text{m}} \tan\varphi)\varphi(\theta)\right]_{\theta_{\text{mh}}}^{\theta_{\text{h}}} \tag{6.13}$$

$$\varphi(\theta) = \frac{\exp(2\theta \tan\varphi)}{2\tan\varphi} \tag{6.14}$$

$$\varepsilon(\theta) = \frac{(3\tan\varphi\sin\theta - \cos\theta)\exp(3\tan\varphi)}{1 + 9\tan^2\varphi} \tag{6.15}$$

对于 $\varphi = 0$ 的纯黏土斜坡海床而言，破坏机构将不再是对数螺线，而退化为一个圆弧，圆弧速度间断上的内能耗散功率可表达为

$$\dot{W}_{\text{int}} = c\Omega r_0^2 (q'_1 + q'_2) \tag{6.16}$$

其中，

$$q'_1 = n_0(\theta_m - \theta_0) + \frac{(1 - n_0)}{\overline{H}}\left[\cos\theta_0 - \cos\theta_{\text{m}} - \sin\theta_0(\theta_{\text{m}} - \theta_0)\right] \tag{6.17a}$$

$$q'_1 = n_1(\theta_h - \theta_{\text{m}}) + \frac{(n_2 - n_1)}{\overline{N}}\left[\cos\theta_{\text{m}} - \cos\theta_{\text{h}} - \sin\theta_{\text{m}}(\theta_{\text{h}} - \theta_{\text{m}})\right] \tag{6.17b}$$

### 6.2.3　基于优化技术的安全系数求解

由于非均质性不会影响海底斜坡滑体的重力功率，因此其表达式与式（4.1）相同。基于极限分析上限定理，令重力功率与潜在滑动面上的内能耗散功率相等，建立虚功率方程，得到了考虑非均质效应的海底斜坡临界坡高方程，表达式为

$$H = \frac{c}{\gamma'} f(\theta_0, \theta_{\text{h}}, \beta') \tag{6.18}$$

$$f(\theta_0, \theta_{\text{h}}, \beta') = \frac{\overline{H}(q_1 + q_2 + q_3)}{(f_1 - f_2 - f_3 - f_4)} \quad \varphi \neq 0 \tag{6.19}$$

$$f(\theta_0, \theta_{\text{h}}, \beta') = \frac{\overline{H}(q'_1 + q'_2)}{(f_1 - f_2 - f_3 - f_4)} \quad \varphi = 0 \tag{6.20}$$

在边坡稳定性分析中，稳定性系数常作为一个重要的评价指标。在摩尔-库伦破坏准则下，边坡的稳定性系数通常被定义为

$$N_{\text{s}} = \frac{\gamma' H}{c} \tag{6.21}$$

结合式（6.18～6.20）可求得非均质斜坡海床的稳定性系数。同时，结合强度折减技术，得到静水条件下非均质海底斜坡稳定性安全系数，表达式为

$$FS = \frac{\overline{H}\gamma'(f_1 - f_2 - f_3 - f_4)}{Hc_{\text{m}}(q_1 + q_2 + q_3)} \quad \varphi \neq 0 \tag{6.22}$$

$$FS = \frac{\overline{H}\gamma'(f_1 - f_2 - f_3 - f_4)}{Hc_{\mathrm{m}}(q'_1 + q'_2)} \qquad \varphi = 0 \tag{6.23}$$

式中，$H$ 为边坡实际高度，$c_{\mathrm{m}}$ 为折减后的黏聚力。

上式 $FS$ 是关于独立变量 $\theta_0$、$\theta_h$、$\beta'$ 的隐式函数，通过解析方法求解十分困难，因此这里转化求解一个数学优化问题：

$$\min FS = f(\theta_0, \theta_h, \beta')$$

$$\text{s. t.} \begin{cases} 0 < \theta_0 < 90° \\ 0 < \theta_h < 180° \\ 0 \leqslant \beta' \leqslant \beta \\ \theta_0 < \theta_{\mathrm{m}} < \theta_h \\ H = H_{\mathrm{act}} \\ \sin\theta_{\mathrm{m}} e^{\theta_{\mathrm{m}}\tan\varphi} = \sin\theta_h e^{\theta_h \tan\varphi} \end{cases} \tag{6.24}$$

为了求解上述优化问题，结合最优化方法，利用 Fortran 语言编写了计算程序，从而获得了静水条件下非均质海底斜坡的稳定性安全系数，具体的求解思路与前文类似。

### 6.2.4　算例验证

为了验证上述方法的正确性，针对非均质边坡典型算例（Chen，1975）进行了计算分析，这里只需令 $\gamma' = \gamma$（天然重度）即可。表 6.3 对比了本文方法得到的稳定性系数与同类方法得到的解答。分析表明，现有解答与 Chen（1975）得到的结果很接近，差别在 4% 以内。此外，稳定性系数随着坡角的增加而减小，随着内摩擦角的增加而增大，这与同类方法得到的解答的变化规律也是一致的，由此可见本章的方法是合理有效的。

**表 6.3　稳定性系数对比**

| $\beta$ (°) | 计算方法 | $\varphi = 0°$ $n_0 = 1$、$n_1 = 2$ $n_2 = 2$ | $\varphi = 5°$ $n_0 = 1$、$n_1 = 2$ $n_2 = 2$ | $\varphi = 10°$ $n_0 = 1$、$n_1 = 2$ $n_2 = 2$ | $\varphi = 20°$ $n_0 = 0$、$n_1 = 1.2$ $n_2 = 1.2$ |
|---|---|---|---|---|---|
| 20 | 极限分析法本文解 | 7.02 6.76 | 11.72 11.66 | 23.12 23.14 | — — |
| 30 | 极限分析法本文解 | 6.48 6.42 | 9.13 9.14 | 13.50 13.50 | 41.21 41.22 |
| 40 | 极限分析法本文解 | 6.06 6.06 | 7.83 7.84 | 10.29 10.30 | 19.99 20.0 |
| 50 | 极限分析法本文解 | 5.67 5.66 | 6.92 6.92 | 8.51 8.52 | 13.62 13.63 |

注：除本文解外，其他解来自 Chen（1975）。

## 6.3　多土层海底斜坡稳定性上限分析

极限分析上限方法引入到海底斜坡的稳定性分析中，经过众多学者的努力，已取得了长足的进展。但目前的研究对象主要针对几何形状简单、土层分布单一的海底斜坡；实际中，由于各种因素的综合影响，海底斜坡土层分布是复杂多样的，而目前的极限分析上限方法很少涉及多土层海底斜坡的稳定性研究。因此，基于极限分析上限定理，构造一组合对数螺线破坏机构，针对多土层海底斜坡开展稳定性研究，进一步拓展了极限分析上限方法在海底斜坡稳定性分析中的适用范围。

### 6.3.1　破坏机构

在单层海底斜坡的极限分析上限方法中，对数螺线滑动面是最常用的一种破坏机构。对于多土层海底斜坡而言，由于各层土体材料参数（摩擦角 $\varphi$）的差异，根据相关流动法则可知，其破坏模式应为一组合对数螺线，如图 6.3 所示。

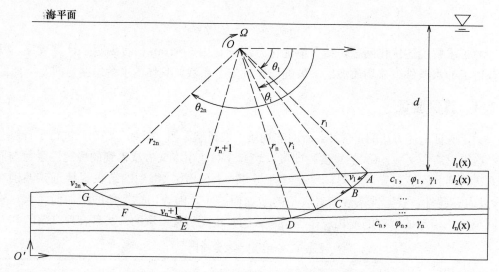

图 6.3　多土层海底斜坡破坏机构

组合对数螺线滑动面 $ABCDEFG$ 穿过 $n$ 层土体以角速度 $\Omega$ 绕着旋转中心 $O$（待定）转动，其中点 $A$-$G$ 为滑动面与土层边界的交点；任一交点与旋转中心 $O$ 的距离用 $r_i$ 表示，其与水平方向的夹角为 $\theta_i$，$i \in [1, n]$。图中任一土层的内摩擦角、黏聚力与重度，可采用 $\varphi_i$、$c_i$、$\gamma_i$ 来表示。

在图 6.3 所示的多土层海底斜坡中，组合对数螺线滑动面与穿过的每个土层界限均存在两个交点，如第一土层界限 $l_1(x)$ 与滑动面交于 $A$、$G$ 两点，由于滑动面穿过 $n$ 个土层，因此滑动面与土层界限总共有 $2n$ 个交点。在滑动面穿过的 $n$ 个土层中，除了第 $n$ 土层外，其余土层都包含两段对数螺线滑动面，分别为划入段与滑出段，由此可知，组合对数螺线滑动面是由 $2n-1$ 个分段对数螺线组成的。

根据相关流动法则，组合对数螺线滑动面的方程可表达为：

$$r(\theta) = \begin{cases} r_i \cdot \exp[(\theta - \theta_i)\tan\varphi_i] & i \in [1, n] \\ r_i \cdot \exp[(\theta - \theta_i)\tan\varphi_{2n-i}] & i \in [n+1, 2n-1] \end{cases} \tag{6.25}$$

式中，$\theta \in [\theta_i, \theta_{i+1}]$，$r_i$、$\theta_i$ 分别为极坐标系下滑动面与土层界限交点的极径与极角。

## 6.3.2 坐标转换

针对多土层海底斜坡进行上限分析时，第一步要建立计算模型，具体的建模过程可参考文献（刘凯，2015）。由于整个建模过程是在直角坐标下进行的，但后续的外力功率与内能耗散功率需在极坐标系下求解，因此需把海底斜坡计算模型的各特征点与特征线方程转换到以旋转中心 $O$ 为原点的极坐标系下。

在图 6.4 中，$O'$ 为指定直角坐标系原点为极坐标系原点，同时也是对数螺线破坏机构的旋转中心；$A$、$B$ 为海底斜坡模型的特征点，线段 $AB$ 为特征线。一般情况下，旋转中心 $O$ 位于滑坡体上方，因此滑坡体的任一极角 $\theta$ 的取值在（0，$\pi$）之间，且规定顺时针方向为正。下面以 $A$ 点为例，简单介绍极坐标系下特征点极坐标的求解思路。

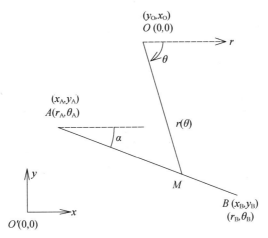

图 6.4 极坐标与直角坐标之间的转化关系

根据几何关系，特征点 $A$ 与旋转中心 $O$ 点的距离及 $OA$ 与水平方向的夹角可分别可表达为

$$r_A = \left[ (x_A - x_o)^2 + (y_A - y_o)^2 \right]^{1/2} \tag{6.26}$$

$$\theta_A = \begin{cases} \text{aratan}\left(\dfrac{y_o - y_A}{x_o - x_A}\right) & x_A > x_o \\ \pi/2 & x_A = x_o \\ \pi - \text{aratan}\left(\dfrac{y_o - x_A}{x_o - x_A}\right) & x_A < x_o \end{cases} \tag{6.27}$$

式中，$x_A$、$y_A$ 分别为直角坐标系下 $A$ 点的横坐标与纵坐标；$x_o$、$y_o$ 为极坐标原点的直角坐标；$r_A$、$\theta_A$ 分别为 $A$ 点在极坐标系下的极径与极角。

得到各个特征点在极坐标系下的坐标后，就可以求解特征边界在极坐标系的曲线方程，这里以线段 $AB$ 为例介绍推导过程。线段 $AB$ 与水平方向的夹角为 $\alpha$，其正负号规定为：以线段左端点 $A$ 为旋转中心，水平向右为零，顺时针方向为正，逆时针方向为负，其取值范围为（$-\pi/2$，$\pi/2$）。

线段 $AB$ 与水平方向的夹角可表达为

$$\alpha=\begin{cases} \arctan\left(\dfrac{y_A-y_B}{x_B-x_A}\right) & x_A\neq x_B \\ \pi/2 & x_A=x_B,y_A>y_B \\ -\pi/2 & x_A=x_B,y_A<y_B \end{cases} \tag{6.28}$$

在极坐标系下，$AB$ 段上任一点 $M$ 的坐标可表达为 $(r,\theta_A)$，其满足一定的几何关系，如下式所示：

$$\frac{r\sin\theta-r_A\sin\theta_A}{r\cos\theta-r_A\cos\theta_A}=\tan\alpha \tag{6.29}$$

经简单变换可求得线段 $AB$ 在极坐标系下的曲线方程，如式（6.30）所示：

$$r=\frac{r_A(\sin\theta_A-\cos\theta_A\tan\alpha)}{\sin\theta-\cos\theta\tan\alpha}\quad \theta\in(\theta_B,\theta_A) \tag{6.30}$$

仿照上述思路，可依次求得海底斜坡模型各特征点及特征边界在极坐标系下的坐标，为后续外力功率与内能耗散功率的求解奠定了基础。

### 6.3.3　虚功率方程

（1）外力功率

在传统极限分析上限法中，单层的海底斜坡的外力功率可以通过解析方法求出，然而对于多层复杂的海底斜坡而言，解析方法求解则变得十分困难。为了解决复杂层状海底斜坡重力功率求解问题，推导了旋转机制下滑坡体重力功率的积分表达式，通过采用前文的数值积分技术即可实现重力功率的求解。

详细推导思路如下：在图 6.3 所示的极坐标系下取一块土体微元 $OMN$，如图 6.5 所示；其中 $M$、$N$ 为曲线方程上两点，$\Omega$ 为旋转角速度。

在旋转机制下，微元段 $OMN$ 在重力作用下的做功功率可表达为

$$\mathrm{d}\dot{W}=\frac{1}{3}\gamma'\Omega r^3(\theta)\cos\theta\mathrm{d}\theta \tag{6.31}$$

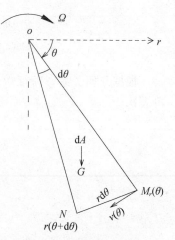

图 6.5　极坐标系下的微元

式中，$\gamma'$ 为斜坡海床土体的有效重度。

当已知土层界面与对数螺线滑动面的极坐标方程时，结合式（6.31）即可求得海底斜坡滑体在重力作用下的做功功率。对于图 6.3 所示的多土层海底斜坡，其上部 $n-1$ 个土层的海底斜坡滑体都是由上下土层边界与两段对数螺线滑动面包围而成，其重力功率的求解过程类似。这里以第 $i$ 个土层为例，介绍具体的求解过程，图 6.6 为第 $i$ 土层的滑坡体示意图。

由图 6.6 可知，第 $i$ 土层的滑体是由土层边界 $BH$、$CF$ 及两段对数螺旋滑动面 $BC$、$FG$ 围合而成的。为求解滑体 $BHGFC$ 在重力作用的做功功率，可先分别求解区域 $OBHG$、$OBC$、$OFC$、$OGF$ 滑体在自重作用下的外力功率，通过简单的代数运算即可得到所求滑体的重力功率。

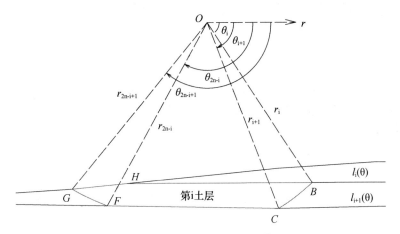

图 6.6　第 $i$ 土层中的滑坡体

其中，区域 $OBHG$ 的重力功率为

$$\dot{W}_1 = \frac{1}{3}\gamma'_i\Omega\int_{\theta_i}^{\theta_{2n-i+1}} l_i^3(\theta)\cos\theta\mathrm{d}\theta \tag{6.32}$$

区域 $OBC$ 的重力功率为

$$\dot{W}_2 = \frac{1}{3}\gamma'_i\Omega\int_{\theta_i}^{\theta_{i+1}} r^3(\theta)\cos\theta\mathrm{d}\theta \tag{6.33}$$

区域 $OFC$ 的重力功率为

$$\dot{W}_3 = \frac{1}{3}\gamma'_i\Omega\int_{\theta_{i+1}}^{\theta_{2n-i}} l_{i+1}^3(\theta)\cos\theta\mathrm{d}\theta \tag{6.34}$$

区域 $OGF$ 的重力功率为

$$\dot{W}_4 = \frac{1}{3}\gamma'_i\Omega\int_{\theta_{2n-i}}^{\theta_{2n-i+1}} l_{i+1}^3(\theta)\cos\theta\mathrm{d}\theta \tag{6.35}$$

综合上述，滑坡体 $BHGFC$ 在重力作用下的做功功率可表达为

$$\dot{W}_{gi} = \dot{W}_2 + \dot{W}_3 + \dot{W}_4 - \dot{W}_1 = \frac{1}{3}\gamma'_i\Omega f_i(\theta) \quad i\in[1,n-1] \tag{6.36}$$

$$f_i(\theta) = \int_{\theta_i}^{\theta_{i+1}} r^3(\theta)\mathrm{d}\theta + \int_{\theta_{i+1}}^{\theta_{2n-i}} l_{i+1}^3(\theta)\mathrm{d}\theta + \int_{\theta_{2n-i}}^{\theta_{2n-i+1}} r^3(\theta)\mathrm{d}\theta - \int_{\theta_i}^{\theta_{2n-i+1}} l_i^3(\theta)\mathrm{d}\theta \tag{6.37}$$

式中，$\gamma'_i$ 为第 $i$ 个土层的浮重度，其他参数意义同前文。

对于第 $n$ 个土层而言，其内部仅包含一段对数螺线滑动面（图 6.7）。该土层滑体在重力作用下的做功功率可表达为

$$\dot{W}_{gn} = \frac{1}{3}\gamma'_n\Omega\left[\int_{\theta_n}^{\theta_{n+1}} r^3(\theta)\cos\theta\mathrm{d}\theta - \int_{\theta_n}^{\theta_{n+1}} l_n^3(\theta)\cos\theta\mathrm{d}\theta\right] \tag{6.38}$$

式中，$\gamma'_n$ 为第 $n$ 个土层的土体浮重度；$l_n(\theta)$ 为第 $n$ 个土层上边界在极坐系下的曲线方程。

对上述各层滑体的重力功率进行叠加求和，即可得到整个滑体在重力作用下的总功率，表达为

$$\dot{W}_g = \sum_{i=1}^{n} \dot{W}_{gi} \tag{6.39}$$

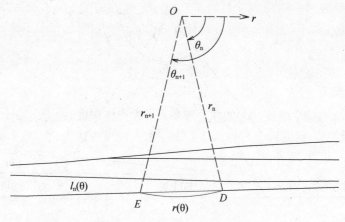

图 6.7　第 $n$ 层土体中的滑坡体

对于静水作用下的海底斜坡而言，由于外力只有重力，因此多土层斜坡海床的外力总功率就等于重力功率，具体表达如下：

$$\dot{W}_{\text{ext}} = \dot{W}_{\text{g}} \tag{6.40}$$

（2）内能耗散功率

在极限分析上限法中，海底斜坡被假定为刚体，故系统的内能耗散功率仅发生在速度间面上，速度间断上任一微元段的内能耗散功率可表达为

$$\mathrm{d}\dot{W}_{\text{int}} = c(\Omega r(\theta)\cos\varphi)\frac{r(\theta)\mathrm{d}\theta}{\cos\varphi} = \Omega c r^2(\theta)\mathrm{d}\theta \tag{6.41}$$

式中，$c$、$\varphi$ 分别为土体的黏聚力与内摩擦角。

对于层状海底斜坡，由于每层土体的强度参数内摩擦角 $\varphi$ 及黏聚力 $c$ 不相同，因此不能直接对整个滑动面进行积分求解内能耗散功率，需分别求解每层土体内部对数螺线滑动面的内能耗散功率，然后进行简单的代数求和，从而实现对整个滑动面内能耗散功率的求解。

由图 6.3 可知，对数螺线滑动面穿过 $n$ 个土层，除第 $n$ 层土体仅包含一段对数螺线滑动面外，其余任一土层都包含两段滑动面。对于 $n-1$ 以上的任一土层其所含滑动面的内能耗散功率可表达为

$$\dot{W}_{\text{int}\_i} = \int_{\theta_i}^{\theta_{i+1}} \mathrm{d}\dot{W}_{\text{int}} + \int_{\theta_{2n-i}}^{\theta_{2n-i+1}} \mathrm{d}\dot{W}_{\text{int}} = \Omega c_i \left( \int_{\theta_i}^{\theta_{i+1}} r^2(\theta)\mathrm{d}\theta + \int_{\theta_{2n-i}}^{\theta_{2n-i+1}} r^2(\theta)\mathrm{d}\theta \right) \quad i \in [1, n-1]$$
$$\tag{6.42}$$

式中，$c_i$ 为第 $i$ 层土体的黏聚力。

由于第 $n$ 个土层仅包含一段对数螺线滑动面，因此其所含滑动面的内能耗散功率可表达为

$$\dot{W}_{\text{int}\_n} = \Omega c_n \int_{\theta_n}^{\theta_{n+1}} r^2(\theta)\mathrm{d}\theta \tag{6.43}$$

式中，$c_n$ 为第 $n$ 层土体的黏聚力。

上述内能耗散功率的推导针对的是 $c$ 为一个常数的情况，在海底斜坡的稳定评价中，有时会选取土体的不排水强度进行计算分析，因此这里推导了不排水强度随深度线性变化的海底斜坡内能耗散功率。

任一深度土体的不排水强度可表达为

$$c_u = a + b \cdot z \tag{6.44}$$

式中，$a$、$b$ 为与不排水强度相关的两个参数；$z$ 为土体深度。

在极坐标系下，滑动面上任一点处的不排水强度可表达为

$$c_{ui} = \begin{cases} a_i + b_i[r(\theta)\sin\theta - r_i\sin\theta_i] & i \in [1, n] \\ a_{2n-i} + b_{2n-i}[r(\theta)\sin\theta - r_i\sin\theta_i] & i \in [n+1, 2n-1] \end{cases} \tag{6.45}$$

把式（6.45）带入到式（6.42）与式（6.43）中，即可得到考虑 $c$ 随深度线性变化的多土层海底斜坡的内能耗散功率，表达式为

$$\dot{W}_{\text{int}\_i} = \begin{cases} \Omega\left\{ \int_{\theta_i}^{\theta_{i+1}} c_{u_i} r^2(\theta)\mathrm{d}\theta + \int_{\theta_{2n-i}}^{\theta_{2n-i+1}} c_{u2n-i} r^2(\theta)\mathrm{d}\theta \right\} & i \in [1, n-1] \\ \Omega \int_{\theta_n}^{\theta_{n+1}} c_{u2n} r^2(\theta)\mathrm{d}\theta & i - n \end{cases} \tag{6.46}$$

得到多土层海底斜坡任一段潜在滑动面的内能耗散功率后，通过累加求和即可得到滑坡体系统内总的内能耗散功率，具体表达如下：

$$\dot{W}_{\text{int}} = \sum_{i=1}^{n} \dot{W}_{\text{int}\_i} \tag{6.47}$$

## 6.3.4　安全系数求解

令多土层海底斜坡的外力功率与内能耗散功率相等，建立临界状态虚功率方程，为

$$\dot{W}_{\text{ext}} = \dot{W}_{\text{int}} \tag{6.48}$$

为了实现多土层海底斜坡稳定性的定量分析，这里引入了强度折减技术，折减后的土体参数可分别表达为

$$c_m = c/FS \quad \varphi_m = \arctan(\tan\varphi/FS) \tag{6.49}$$

式中，各参数的含义与前文相同

将折减后的强度参数式（6.49）带入到式（6.48）的虚功率方程中，经简单变换后即可得到多土层斜坡海床稳定性安全系数 $FS$ 关于独立变量 $x_o$、$y_o$、$x_s$ 的隐式方程，表达为

$$FS = f(x_o, y_o, x_s) \tag{6.50}$$

为了求解上式安全系数的最优解，转而求解下述优化问题：

$$\begin{aligned} &\min \quad FS = f(x_o, y_o, x_s) \\ &\text{s. t.} \quad x_o \in D_1, y_o \in D_2, x_s \in D_3 \end{aligned} \tag{6.51}$$

式中，$D_1$、$D_2$、$D_3$ 分别为变量 $x_o$、$y_o$、$x_s$ 的取值范围。

基于优化求解思路如图 6.8 所示，利用 Fortran 语言编写计算程序求解上述优化问题，即可求得多土层海底斜坡的稳定性安全系数及相应临界滑动面。

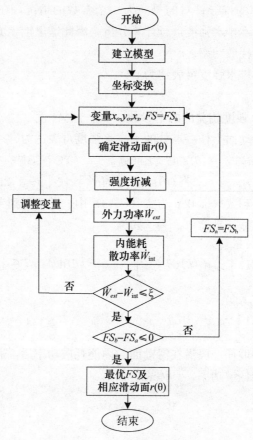

图 6.8　优化求解流程图

### 6.3.5　算例验证

图 6.9 所示为一由七层土体组成的层状海底斜坡（Rafael 等，2015），其上坡段坡角为 10°，下坡段为 5°，土体均为纯黏土，每层土体的强度参数如表 6.4 所示。作者采用极限分析上限方法对该海底斜坡进行了稳定性分析，计算得到了安全系数上限解及相应的临界滑动面，并与现有的结果进行了对比。

表 6.5 列出了不同方法得到的全系数，对比表中的数据，发现本文方法得到的结果略小于极限平衡法与有限单元法得到的解答，但差值均在 2% 以内。图 6.9 显示了不同方法得到的临界滑动面，对比分析可见，由不同方法得到的临界滑动面都是沿着上坡段的坡脚处滑出，且都穿过第 5 土层土体；这里获得的临界滑动面介于极限平衡法与有限单元法得到的临界滑动面之间，而且十分接近。

表 6.4　材料参数

| 土层编号 | 饱和重度 $\gamma_{sat}$（kN/m³） | 土体排水强度 $c_u$（kPa） |
| --- | --- | --- |
| ① | 14.0 | $2.00+1.04z$ |
| ② | 14.97 | $4.08+1.39z$ |

续表

| 土层编号 | 饱和重度 $\gamma_{sat}$（kN/m$^3$） | 土体排水强度 $c_u$（kPa） |
|---|---|---|
| ③ | 15.89 | 12.4＋2.64z |
| ④ | 16.78 | 33.49＋1.88z |
| ⑤ | 17.49 | 78.59＋2.09z |
| ⑥ | 17.95 | 141.40＋2.22z |
| ⑦ | 18.62 | 208.05＋2.0z |

**表 6.5　安全系数对比**

| 计算方法 | 安全系数 $FS$ |
|---|---|
| 极限平衡法 | 1.911 |
| 有限元单元法 | 1.90 |
| 本文解 | 1.88 |

注：除本文解外，其余解都来自文献（Rafael 等，2015）。

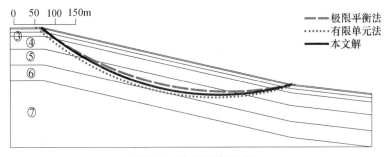

图 6.9　临界滑动面对比

## 6.4　线性波加载下多土层海底斜坡稳定性解析

对于近海岸区域的斜坡海床而言，波浪是影响稳定性一个重要因素。基于此，采用线性波浪理论，利用极限分析上限法对波浪荷载作用下的多土层海底斜坡稳定性进行分析。

### 6.4.1　线性波压力与重力共同作用下的外力功率

图 6.10 所示为波浪作用下多土层海底斜坡的破坏机构，波浪在海床诱发的线性波压力如图 6.11 所示。在上一节中，笔者推导了极坐标系下重力对多土层斜坡海床滑体的做功功率，因此这里仅推导线性波压力对多土层斜坡海床的做功功率。

具体做法如下：在图 6.11 海床表面取一微元段波压力 $OMN$（图 6.12 所示），其中 $M$、$N$ 分别为海床表面边界曲线方程 $l_1$（$\theta$）上的两点，$\Omega$ 为旋转角速度。

由前文线性波压力表达式（3.1）可知，任一计算时刻的波压力是关于空间直角横坐标 $x$ 的函数，而波压力对海床做功功率求解是在图 6.10 所示的旋转机制下进行的，因此需把直角坐标系下的线性波压力转化到极坐标系下。

73

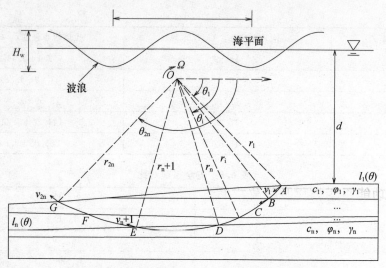

图 6.10　线性波作用下多土层海底斜坡破坏机构

在极坐标系下，海床表面任一点处的线性波力可表达为

$$p = \frac{\gamma_w H_w}{2\cosh(\lambda d)} \sin[2\pi(x_o + l_1(\theta)\cos\theta)/L_w - \omega t] \tag{6.52}$$

式中，$l_1(\theta)$ 为海床边界在极坐标下的曲线方程，$x_O$ 为旋转中心在直角坐标系的横坐标值，其他参数意义与前文相同。

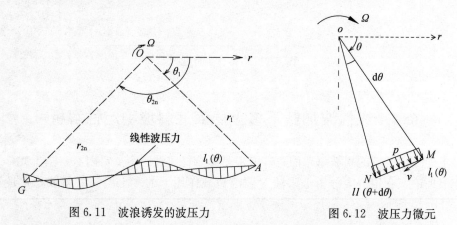

图 6.11　波浪诱发的波压力　　　　图 6.12　波压力微元

在旋转机制下，$MN$ 微元段波压力对斜坡海床的做功功率可表达为

$$d\dot{W}_q = p[l_1(\theta)d\theta] \cdot v = pl_1^2(\theta)\cos\theta \Omega d\theta \tag{6.53}$$

式中，$v$ 为海床边界 $AG$ 上的速度场。

结合式（6.53），沿着海床边界进行积分即可求得任一时刻线性波压力对斜坡海床滑体的做功总功率，表达为

$$\dot{W}_q = \int_{\theta_1}^{\theta_{2n}} d\dot{W}_q = \frac{\gamma_w H_w \Omega}{2\cosh(\lambda d)} \cdot f_q \tag{6.54}$$

$$f_q = \Omega \int_{\theta_1}^{\theta_{2n}} l_1{}^2(\theta)\cos\theta \sin[2\pi(x_o + l_1(\theta)\cos\theta)/L_w - \omega t]d\theta \tag{6.55}$$

式中，$f_q$ 是关于独立变量 $x_o$、$y_o$、$x_s$ 的函数，$\theta_1$、$\theta_{2n}$ 分别为组合对数螺线滑动面的划入角与滑出角。

在旋转破坏机构确定后，被积函数 $f_q$ 只是关于变量 $\theta$ 的一元函数。采用前文的 Simpson 数值积分法对该式进行计算，便可实现波压力对滑坡体做功总功率的求解。在重力及线性波压力的共同作用下，斜坡海床整个滑坡体总的外力功率可表达为

$$\dot{W}_{ext} = \dot{W}_g + \dot{W}_q \tag{6.56}$$

式中，$\dot{W}_g$ 为重力做功功率，详细表达见式（6.39）。

## 6.4.2　功能平衡方程及优化求解

根据极限分析上限定理，令外力功率与内能耗散功率相等，建立线性波波压力加载下多土层海底斜坡的极限状态方程，表达为

$$\dot{W}_{ext} = \dot{W}_{int} \tag{6.57}$$

式中，$\dot{W}_{int}$ 为总的内能耗散功率，详细表达见式（6.47）。

结合强度折减技术，得到了线性波作用下多土层海底斜坡的稳定性安全系数 $FS$，$FS$ 是关于独立变量 $x_o$、$y_o$、$x_s$ 的一个隐式函数。为了实现安全系数的求解，转化求解下述优化问题

$$\min FS = f(x_o, y_o, x_s)$$
$$\text{s. t. } x_o \in D_1, y_o \in D_2, x_s \in D_3 \tag{6.58}$$

式中，$D_1$、$D_2$、$D_3$ 分别为独立变量 $x_o$、$y_o$、$x_s$ 的取值区间。采用上一节安全系数的优化求解思路，在外力功率的计算中增加线性波压力的做功功率，即可实现线性波作用下多土层海底斜坡稳定性的上限分析，求得斜坡海床的安全系数及相应临界滑动面。考虑到波压力随时间的变化，这里仿照前文在一个波浪周期内平均取 8 个计算时刻，分别记为 $t_1 \sim t_8$ 时刻（其时间间隔为 $T/8$，$T$ 是波浪传播周期），分别计算这 8 个时刻波压力加载下海底斜坡的稳定性安全系数。

## 6.4.3　算例验证

图 6.13 所示为某一海底斜坡的计算模型，其由三层土体组成，所处水深为 7m。其中，上部土层为人工填土，中部为淤泥质土，下部为土质较好的残积砂质黏性土，具体材料参数如表 6.6 所示。考虑到波浪作用，这里以波浪波长和波高分别为 $L_w = 40m$ 和 $H_w = 2.5m$ 一组工况为例，采用提出的极限分析上限方法与强度折减有限元法对上述海底斜坡的稳定性开展了解析与数值对比分析。

表 6.7 列出了两种方法得到的不同时刻波压力下海底斜坡稳定性安全系数，可以看出，本文方法得到的结果与有限元计算的数值解答十分接近，而且一个波浪周期内两种方法计算得到的最小安全系数都在同一时刻获得。图 6.14 为 $t_3$ 时刻两种方法得到的临界滑动面，对比分析可知，本文方法得到的临界滑动面与有限元滑动带都穿过软弱土层，且滑动面的位置也十分接近。此外，有限元滑动带形状近乎于组合对数螺线，这与本文假定的破坏模式是一致的。由此说明，本文方法是合理有效的。

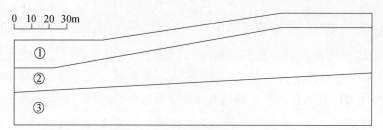

图 6.13　多土层海底斜坡模型

**表 6.6　土体参数**

| 土层编号 | 黏聚力 $c$（kPa） | 内摩擦角 $\varphi$（°） | 饱和重度 $\gamma$（kN/m³） |
|---|---|---|---|
| ① | 12 | 15 | 18.5 |
| ② | 6.6 | 9.6 | 17.0 |
| ③ | 30.0 | 21.0 | 19.0 |

**表 6.7　安全系数对比**

| 分析方法 | 计算时刻 | | | | | | | | |
|---|---|---|---|---|---|---|---|---|---|
| | $t_1$ | $t_2$ | $t_3$ | $t_4$ | $t_5$ | $t_6$ | $t_7$ | $t_8$ | 静水 |
| 有限单元法 | 1.324 | 1.309 | 1.306 | 1.321 | 1.325 | 1.379 | 1.314 | 1.358 | 1.344 |
| 极限分析法 | 1.336 | 1.315 | 1.312 | 1.328 | 1.339 | 1.368 | 1.325 | 1.356 | 1.346 |

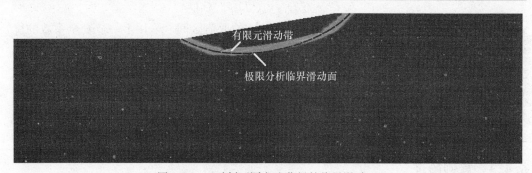

图 6.14　$t_3$ 时刻不同方法获得的临界滑动面

# 6.5　非线性波加载下多土层海底斜坡稳定性解析

上一节分析了线性波浪荷载对多土层海底斜坡的影响，但对于近海区域，由于水深的影响，波浪往往呈现一种非线性特性。因此，本节采用二阶 Stokes 波浪理论，对非线性波荷载作用下的多土层海底斜坡开展了稳定性上限分析。

## 6.5.1　二阶 Stokes 波压力做功功率

仿照前文的求解思路，结合式（6.11），可推导求得旋转机制下，二阶 Stokes 波压力对多土层斜坡滑体的做功功率，表达为

$$\dot{W}_{\text{sq}} = \dot{W}_{\text{sq1}} + \dot{W}_{\text{sq2}} \tag{6.59}$$

式中，$\dot{W}_{\text{sq1}}$、$\dot{W}_{\text{sq2}}$分别为二阶 Stokes 波压力一阶项 $p_1$ 与二阶项 $p_2$ 的做功功率，具体表达如下：

$$\dot{W}_{\text{sq1}} = \frac{\gamma_{\text{w}} H_{\text{w}} \Omega}{2\cosh(\lambda d)} f_{\text{sq1}} \tag{6.60}$$

$$f_{\text{sq1}} = \int_{\theta_1}^{\theta_{2\text{n}}} \cos\left[2\pi(x_{\text{o}} + l_1(\theta)\cos\theta)/L_{\text{w}} - \omega t\right] l_1^2(\theta)\cos\theta \, d\theta \tag{6.61}$$

$$\dot{W}_{\text{sq2}} = \frac{3}{4}\pi\gamma_{\text{w}}\left(\frac{H_w^2}{L_{\text{w}}}\right)\frac{1}{\sinh(\lambda d)} \cdot \{1/\sinh^2(\lambda d) - 1/3\} f_{\text{sq2}} \tag{6.62}$$

$$f_{\text{sq2}} = \int_{\theta_1}^{\theta_{2\text{n}}} \cos\left[4\pi(x_{\text{o}} + l_1(\theta)\cos\theta)/L_{\text{w}} - 2\omega t\right] l_1^2(\theta)\cos\theta \, d\theta \tag{6.63}$$

式中，$f_{\text{sq1}}$、$f_{\text{sq2}}$分别是与$\dot{W}_{\text{sq1}}$、$\dot{W}_{\text{sq2}}$对应的关于独立变量 $x_{\text{o}}$、$y_{\text{o}}$、$x_{\text{s}}$ 的函数，其余符号含义与前文一致。

## 6.5.2　安全系数优化求解

在重力与二阶 Stokes 波压力共同作用下，多土层斜坡海床总的外力功率可表达为

$$\dot{W}_{\text{ext}} = \dot{W}_{\text{sq}} + \dot{W}_{\text{g}} \tag{6.64}$$

式中，$\dot{W}_{\text{g}}$ 为重力功率，见式（6.39）。

根据极限分析上限定理，结合强度折减技术，建立临界状态虚功率方程，则可获得二阶 Stokes 波作用下多土层海底斜坡的稳定性安全系数，表达为

$$FS = f(x_{\text{o}}, y_{\text{o}}, x_{\text{s}}) \tag{6.65}$$

由上式可知，$FS$ 是关于独立变量（$x_{\text{o}}$，$y_{\text{o}}$，$x_{\text{s}}$）的函数。采用最优化方法，利用 Fortran 语言编写计算程序，即可求得不同计算时刻二阶 Stokes 波压力作用下多土层海底斜坡的安全系数及相应临界滑动面，具体的求解思路与前文相类似。

## 6.5.3　算例验证

为了验证本文方法的正确性，笔者针对一两层土体海底斜坡开展了验证分析，海底斜坡几何参数如图 6.15 所示，表 6.8 列出了每层土体的材料参数。考虑非线性波作用，采用本文方法与有限单元法分别对波高与波长为 $H_{\text{w}} = 2.5\text{m}$ 和 $L_{\text{w}} = 80\text{m}$、$H_{\text{w}} = 5\text{m}$ 和 $L_{\text{w}} = 80\text{m}$ 两种工况下海底斜坡的稳定性进行了分析，图 6.16 给出了两种方法获得的安全系数对比图。

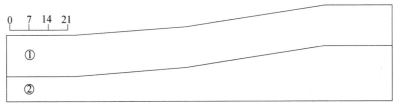

图 6.15　海底斜坡模型

表 6.8　土体参数

| 土层编号 | 黏聚力 $c$（kPa） | 内摩擦角 $\varphi$（°） | 饱和重度 $\gamma$（kN/m³） |
|---|---|---|---|
| ① | 6.3 | 4.6 | 17.9 |
| ② | 12.0 | 8.0 | 17.76 |

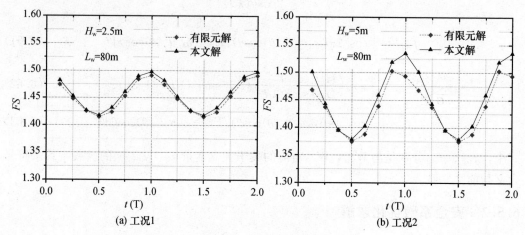

图 6.16　两种方法计算得到的稳定性安全系数

通过分析图中的数据可知，两种工况下，本文方法获得的安全系数都随着时间上下波动，而且波浪越大，波动幅度越显著，这与有限元方法计算得到的结果是十分吻合的。此外，两种方法获得的安全系数也十分接近，虽然在波浪较大时两者之间的差别较大，但都不超过 2%，由此表明，本文方法获得的结果是合理有效的。

## 6.6　波浪与地震耦合作用下多土层海底斜坡稳定性解析

对于近海区域的斜坡海床，除了波浪荷载之外，地震荷载也是影响稳定性的一个重要因素。因此，本节利用极限分析上限法对地震荷载与非线性波共同作用下的多土层海底斜坡的稳定性进行了研究。

### 6.6.1　地震力与二阶 Stokes 波压力共同作用下的外力功率

图 6.17 所示为地震作用下多土层海底斜坡的破坏机构，在上一节中，笔者推导了极坐标系下二阶 Stokes 波压力对多土层斜坡海床滑体的做功功率，因此这里仅推导地震力对多土层斜坡海床的做功功率。

具体做法如下：在以 $O$ 为原点的极坐标系中取一微元 $OMN$（如图 6.18 所示），其中 $M$、$N$ 均为任一曲线 $r=f(\theta)$ 上的两点，$\Omega$ 为微元关于旋转中心 $O$ 的旋转角速度。该微元除受到重力作用外，同时受到拟静力水平地震荷载作用。为了计算外力功率，首先需要得到其面积 $dA$，表达为

$$dA = \frac{1}{2}f(\theta) \cdot f(\theta + d\theta) \cdot \sin d\theta = \frac{1}{2}f^2(\theta)d\theta \qquad (6.66)$$

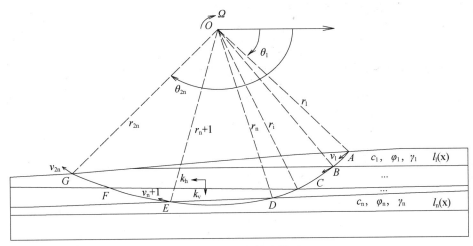

图 6.17　海底斜坡模型

在旋转机制下，该微元在重力及竖向地震荷载作用下的功率为

$$\mathrm{d}\dot W_{\mathrm v}=(1+k_{\mathrm v})\gamma\cdot\mathrm dA\cdot\Omega x \tag{6.67}$$

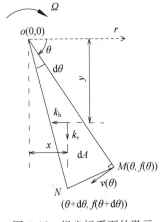

式中，$\gamma$ 为斜坡海床土体的饱和重度，$k_{\mathrm v}$ 为竖向地震系数。

整理可得

$$\begin{aligned}\mathrm d\dot W_{\mathrm v}&=\Omega\cdot\frac{1}{3}(1+k_{\mathrm v})\gamma f^3(\theta)\cos\theta\mathrm d\theta\\&=(1+k_{\mathrm v})f^3(\theta)\cdot\mathrm dT_1\end{aligned} \tag{6.68}$$

式中，$\mathrm dT_1=\Omega\cdot\dfrac{1}{3}\gamma\cos\theta\mathrm d\theta$。

图 6.18　极坐标系下的微元

同理，可得到该微元在水平地震荷载作用下的功率，为

$$\begin{aligned}\mathrm d\dot W_{\mathrm h}&=k_{\mathrm h}\cdot\gamma\cdot\mathrm dA\cdot\Omega y\\&=k_{\mathrm h}\cdot\gamma\cdot\frac{1}{2}f^2(\theta)\mathrm d\theta\cdot\Omega\cdot\frac{1}{3}\big[f(\theta)\sin\theta+f(\theta+\mathrm d\theta)\sin(\theta+\mathrm d\theta)\big]\\&=k_{\mathrm h}f^3(\theta)\cdot\mathrm dT_2\end{aligned} \tag{6.69}$$

式中，$\gamma$ 为斜坡海床土体的饱和重度，$k_{\mathrm h}$ 为水平地震系数，$y$ 为微元的形心与旋转中心的竖向距离（图 6.18），$\mathrm dT_2=\Omega\cdot\dfrac{1}{3}\gamma\sin\theta\mathrm d\theta$。

参考前面章节，滑坡体上部 $n-1$ 层土体中的滑动面均由两段对数螺线组成，各层土体在竖向地震荷载作用下的功率可表示为

$$\dot W_{\mathrm{evi}}=k_{\mathrm v}\left[\int_{\theta_i}^{\theta_{i+1}}r^3(\theta)\mathrm dT_1+\int_{\theta_{i+1}}^{\theta_{2n-i}}l_{i+1}^3(\theta)\mathrm dT_1+\int_{\theta_{2n-i}}^{\theta_{2n-i+1}}r^3(\theta)\mathrm dT_1-\int_{\theta_i}^{\theta_{2n-i+1}}l_i^3(\theta)\mathrm dT_1\right],i\in[1,n-1] \tag{6.70}$$

第 $n$ 层土体为潜在滑动面通过的最深部土层，该部分潜在滑动面仅有一段对数螺

线。该层土体在竖向地震荷载作用下的功率为

$$\dot{W}_{evn} = k_v \left[ \int_{\theta_n}^{\theta_{n+1}} r^3(\theta) dT_1 - \int_{\theta_n}^{\theta_{n+1}} l_n^3(\theta) dT_1 \right] \tag{6.71}$$

则潜在滑动体在竖向地震荷载作用下的总的外力功率表达为

$$\dot{W}_{ev} = \sum_{i=1}^n \dot{W}_{evi} \tag{6.72}$$

同理，可得到滑坡体在水平地震荷载作用下的功率，表达为

$$\dot{W}_{ehi} = k_h \left[ \int_{\theta_i}^{\theta_{i+1}} r^3(\theta) dT_2 + \int_{\theta_{i+1}}^{\theta_{2n-i}} l_{i+1}^3(\theta) dT_2 + \int_{\theta_{2n-i}}^{\theta_{2n-i+1}} r^3(\theta) dT_2 - \int_{\theta_i}^{\theta_{2n-i+1}} l_i^3(\theta) dT_2 \right], i \in [1, n-1] \tag{6.73}$$

$$\dot{W}_{ehn} = k_h \left[ \int_{\theta_n}^{\theta_{n+1}} r^3(\theta) dT_2 - \int_{\theta_n}^{\theta_{n+1}} l_n^3(\theta) dT_2 \right] \tag{6.74}$$

$$\dot{W}_{eh} = \sum_{i=1}^n \dot{W}_{ehi} \tag{6.75}$$

在旋转破坏机制确定后，被积函数 $r(\theta)$、$l_i(\theta)$ 以及微量 $dT_1$、$dT_2$ 均为变量 $\theta$ 的一元函数。采用复化 Simpson 求积公式计算以上各式，便可以得到滑坡体各层土体在重力以及水平、竖向地震荷载作用下的外功率 $\dot{W}_{ehi}$、$\dot{W}_{evi}$。整个滑坡体在重力、地震荷载以及二阶 Stokes 波作用下的外功率为

$$\dot{W}_{ext} = \dot{W}_g + \dot{W}_{eh} + \dot{W}_{ev} + \dot{W}_{sq} \tag{6.76}$$

式中，$\dot{W}_g$ 为重力做功功率，详细表达见式（6.39）。$\dot{W}_{sq}$ 为二阶 Stokes 波压力做功功率，详细表达见式（6.59）。

### 6.6.2 安全系数优化求解

根据极限分析上限定理，令外力功率与内能耗散功率相等，建立地震力与二阶 Stokes 波加载下多土层海底斜坡的极限状态方程，表达为

$$\dot{W}_{ext} = \dot{W}_{int} \tag{6.77}$$

式中，$\dot{W}_{int}$ 为总的内能耗散功率，详细表达见式（6.47）。

结合强度折减技术，可获得地震力与二阶 Stokes 波作用下多土层海底斜坡的稳定性安全系数，表达为

$$FS = f(x_o, y_o, x_s) \tag{6.78}$$

由上式可知，$FS$ 是关于独立变量（$x_o$，$y_o$，$x_s$）的函数。采用最优化方法，利用 Fortran 语言编写计算程序，即可求得水平地震力与二阶 Stokes 波压力作用下多土层海底斜坡的安全系数及相应临界滑动面，具体的求解思路与前文相类似。

### 6.6.3 算例验证

图 6.19 所示为某一海底斜坡的计算模型，其由两层土体组成，所处水深为 7m。土体参数如表 6.9 所示。考虑到水平地震力作用，采用本文提出的极限分析上限方法与有限元极限分析法对上述海底斜坡的稳定性开展了解析与数值对比分析。其中有限元数值

计算采用澳大利亚和欧洲顶尖教授团队开发的有限元极限分析软件 OptumG2。

表 6.10 列出了两种方法得到的不同水平地震加速度系数（$K_h$）情况下海底斜坡稳定性安全系数，可以看出，本文方法得到的结果与有限元计算的数值解答十分接近。图 6.20 为水平地震加速度系数为 $K_h = 0.05$ 时两种方法得到的临界滑动面，对比分析可知，本文方法得到的临界滑动面与有限元滑动带十分的接近。此外，有限元滑动带形状近乎于组合对数螺线，这与本文假定的破坏模式是一致的。由此说明，本文方法是合理有效的。

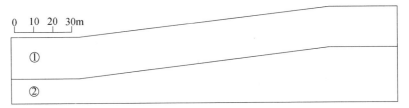

图 6.19　海底斜坡模型

**表 6.9　土体参数**

| 土层编号 | 黏聚力 $c$（kPa） | 内摩擦角 $\varphi$（°） | 饱和重度 $\gamma$（kN/m³） |
|---|---|---|---|
| ① | 15 | 15 | 18.0 |
| ② | 10.0 | 10.0 | 18.0 |

**表 6.10　安全系数对比**

| 计算方法 | $K_h = 0.05$ | $K_h = 0.1$ |
|---|---|---|
| 数值解 | 1.210 | 0.842 |
| 本文解 | 1.204 | 0.840 |

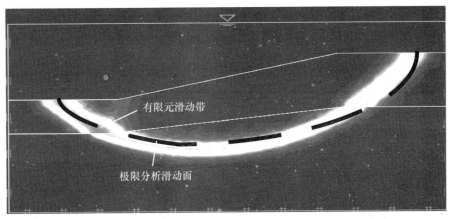

图 6.20　$K_h = 0.05g$ 时不同方法获得的临界滑动面

采用上述相同的海底斜坡计算模型，同时考虑水平地震力和非线性波的作用，水平地震加速度系数（$K_h$）为 0.05，二阶 Stokes 波的波高与波长为 $H_w = 5$m 和 $L_w = 80$m。采用本文方法与有限元法对该工况下海底斜坡的稳定性进行了分析，图 6.21 给出了两种方法获得的安全系数对比图。

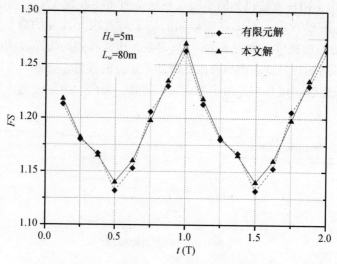

图 6.21　两种方法计算得到的安全系数

通过分析图中的数据可知，该工况下两种方法获得的安全系数十分吻合，误差不超过 2%，由此表明，本文方法获得的结果是合理有效的。

## 6.7　工程实例分析

### 6.7.1　工程背景

MADE KYUN 三角洲海底斜坡位于缅甸皎漂市马德岛东部海域，MADE KYUN 河与孟加拉湾海域交汇处。从总体上看，该区域西侧以冲蚀作用为主，形成深槽沟，局部有基岩出露，地形起伏较大，表层为第四系滨海相沉积软土，该区软土具有高灵敏度、流变性、高压缩性、低强度和不均匀性等特点；东侧以淤积作用为主，地势相对高且较为平坦。图 6.22 给出了该区域西侧（靠近马德岛）海底斜坡的断面示意图（周其坤等，2014），坡向近似东西走向，最大相对高差约 15m，一般坡度为 6°，坡脚附近大于 10°。

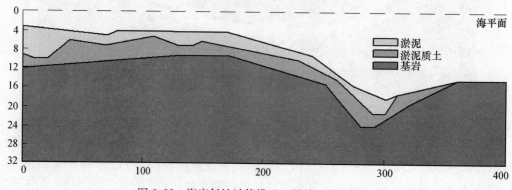

图 6.22　海底斜坡计算模型（周其坤等，2014）

根据实测勘探资料知，该斜坡体上部主要为淤泥、淤泥质黏土，厚度 6～9m，下部为基岩，具体土体参数见表 6.11。该斜坡上部淤泥呈流塑状，土质软，天然含水率高，抗剪强度和固结程度低，在风暴潮、施工扰动等因素影响下，极易发生滑移。同时，斜坡东侧存在侵蚀沟槽，海流冲刷发生的沉积物运移，尤其是底流对坡脚的冲蚀，易使斜坡土体逐渐摆脱受力平衡状态，造成边坡失稳。总体评价此斜坡稳定性差，易发生滑坡，对该区域的海底管线有巨大威胁。

表 6.11　土体参数

| 土层类型 | 黏聚力 $c$（kPa） | 内摩擦角 $\varphi$（°） | 饱和重度 $\gamma$（kN/m³） |
| --- | --- | --- | --- |
| 淤泥 | 3.1 | 1.6 | 16.2 |
| 淤泥质土 | 3.6 | 3.1 | 17.6 |
| 基岩 | 20 | 30 | 20 |

## 6.7.2　实例分析

针对上述海底斜坡工程实例，采用极限分析上限方法对其稳定性进行了分析。表 6.12 给出了静水条件下获得的安全系数与现有结果的对比。对比分析可知，本文方法获得的安全系数与 Ordinary 法、Bishop 法及 M-P 法得到解答十分接近，误差都不超过 5%。图 6.23 为本文方法与 M-P 法获得的静水条件下海底斜坡的临界滑动面。由图可知，两种方法计算得到的最危险滑动面都发生在坡度较陡的地段，且沿着基岩表面滑动，滑动面的位置也十分接近；只是滑动面的形状有一定的差异，这种差异性是由于本文假定的组合对数螺线破坏机构引起的。

表 6.12　静水下条件下海底斜坡安全系数对比

| 计算方法 | 安全系数 |
| --- | --- |
| Ordinary 法 | 0.677 |
| Bishop 法 | 0.686 |
| Janbu 法 | 0.650 |
| M-P 法 | 0.690 |
| 本文解 | 0.711 |

注：除本文解外，其余解都来自文献（周其坤等，2014）。

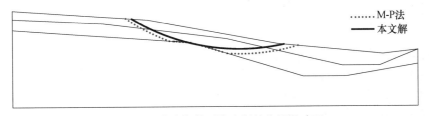

图 6.23　静水条件下海底斜坡临界滑动面

对于研究区域的海底斜坡，波浪是影响其稳定性的一个重要因素，因此基于线性波理论与非线性波理论，采用本文方法对极端波浪荷载下该海底斜坡的稳定性进行了分析。图 6.24 给出了极端波浪条件下（$H_w = 2.5$m、$L_w = 60$m）海底斜坡安全系数随计算时刻的变化曲线；其中黑色实线代表线性波作用下的安全系数，点画线代表 Stokes 波作用下的计算结果。对比分析图 6.24 可知，线性波作用下最小安全系数（0.6704）比静水下的安全系数（0.7116）降低了 5.7%；而二阶 Stokes 作用下的最小安全系数（0.6612）比静水下的计算结果降低幅度达到了 7%。由此可知，极端波浪对该区域海底斜坡的稳定性有显著影响，应引起重视。图 6.25 给出了两种波作用下最小安全系数所对应的临界滑动面，由图可知，两种波作用下海底斜坡的临界滑动面十分接近，只是滑入点位置有微小的差异。

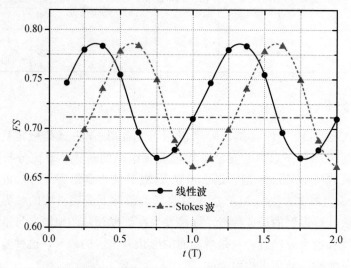

图 6.24　两种波压力作用下安全系数随计算时刻的变化曲线

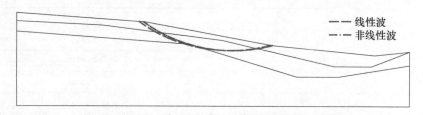

图 6.25　两种波压力作用下海底斜坡的临界滑动面

## 6.8　小　　结

将极限分析上限方法拓展到复杂环境下海底斜坡的稳定性上限分析，并开展了初步工程应用研究，具体研究成果如下：

（1）基于上限定理，考虑施工扰动的影响，建立了施工扰动环境下海底斜坡稳定性的上限方法。对参数扰动度 SD 与灵敏度 $S_t$ 分析表明，土体的灵敏度越高，施工扰动对斜坡海床稳定性的影响越显著。

（2）以上限定理为理论基础，考虑黏聚力随深度的变化，推导其内能耗散功率，结合强度折减技术，实现了非均质海底斜坡的稳定性上限分析。

（3）针对多土层海底斜坡，以极限分析上限定理为理论基础，构造一组合对数螺线破坏机构，实现了多土层海底斜坡的稳定性上限分析。在此基础上，考虑线性波浪荷载、非线性波浪荷载（二阶 Stokes 波）及地震荷载的作用，利用极限分析上限方法，对多土层海底斜坡的稳定性进行分析，并针对典型算例开展了稳定性数值验证，结果表明本文方法是合理的。最后，采用本文方法对 MADE KYUN 河三角洲海底斜坡工程实例进行了稳定分析。结果表明，波浪荷载对海底斜坡的稳定性有一定的影响。

# 第7章 基于弹塑性有限元强度折减法的海底斜坡稳定性分析

## 7.1 引　　言

由于解析方法对于复杂的实际问题往往很难得到解析解，在实际应用中，通常需要大量的假设与模型的简化，引起计算的不准确，而有限元数值分析方法可以有效地弥补这一缺陷。尤其是本文研究的波浪力作用下的海底斜坡稳定性分析问题，塑性区的发展通常呈现较强的非线性发展；由于受到波浪力的作用而使得坡面及坡顶荷载条件复杂，采用解析方法往往需要一定的简化，因此，采用有限元法对本研究是合理而有效的。基于强度折减技术的有限元方法，可以通过不断地改变土体的强度参数，以此连续地进行有限元计算，依照合理的失稳判据，当满足这一判据时，认为整个系统达到临界状态，从而能够确定坡体的临界滑动面（CSS）以及其稳定安全系数（FS）。

此外，强度折减有限元法还有许多优点。它能够对于复杂几何形状与边界条件的实际边坡失稳问题实现过程化的分析并可以指出过程中滑动面的发展以及其破坏机制和最易屈服位置等信息；它还能够采用不同的本构模型分析在边坡失稳过程中的应力及应变关系；此外，在有限元计算中，不需要假定滑动面的形状及位置信息，结合强度折减技术就可以计算得到边坡稳定安全系数。近年来，强度折减有限元法得到了普遍关注而发展迅速。

本章基于大型有限元分析软件 ABAQUS，对考虑波浪力作用的海底斜坡稳定性进行二维弹塑性有限元分析。本章将海底斜坡稳定性问题简化为平面应变问题进行分析；分析中，采用服从摩尔-库伦屈服准则的弹塑性土体本构模型；以有限元迭代计算不收敛作为有限元计算边坡的失稳判据。有限元计算中，基于线性波浪理论施加波浪引起的海底压力变化，并以海底斜坡的稳定安全系数作为其稳定性评价的定量指标。在此基础上，通过具体算例对比分析了极限分析上限法和有限元法的结果，探讨了波浪参数（波高、波长）、所处深度对计算结果的影响以及波浪力影响下的海底斜坡潜在滑动面的变化范围。

## 7.2 有限元法基本理论与数值实施

### 7.2.1 分析软件 ABAQUS 简介

ABAQUS 是由 SIMULIA 公司开发、目前国际上最著名的功能最强大的大型通用非线性有线元软件之一，得到了世界上工程人员和研究人员的广泛认可和接受，并在不同领域得到了大量的应用，取得了不错的效果。

首先，ABAQUS 具有强大的前后处理功能。它提供了一个全面支持求解器的人机交互式图形用户界面，即 ABAQUS/CAE，针对不同的具体问题可以很方便地建立模型，可以从 ABAQUS 中自带的丰富材料特性中选择也可以用户自定义材料特性，可以选择自带的单元类型，可以自定义单元种类，并对整个过程进行有效的监视和控制。ABAQUS/CAE 包含名为 ABAQUS/Viewer 的子模块，可以对计算结果进行方便而全面的后处理。此外，ABAQUS 还提供了丰富的数据交换接口，比如：可以将 Moldflow 分析中的数据转换输入到 ABAQUS 中来，也可以将 ABAQUS 中建立的有限元模型输入到 MSC. ADAMS 中去，其他第三方 CAD 软件（CATIV5、I-DEAS、Parasolid、PAM-CRASHRADIOSS 等）所生成的几何模型可以与 ABAQUS 中的几何数据进行交换。

其次，ABAQUS 具有强大的分析计算能力。通用分析模块 ABAQUS/Standard 可以求解不同领域中不同问题（线性和非线性问题）的不同分析过程，包括：静态的位移/应力分析、动态模拟与分析、稳态滚动分析、电场及压/电耦合分析、温度应力和热传导分析、声场分析、退火成型过程分析等等。显式动态分析模块 ABAQUS/Explicit 可以很好地模拟和分析如冲击和爆炸荷载作用下的瞬时动态问题，还可以求解接触条件非常复杂的高度非线性问题，如板材锻压问题等。此外，ABAQUS/Standard 还拥有 4 个专用模块用于解决一些特殊的具体问题：ABAQUS/Aqua（模拟海岸结构）、ABAQUS/Design（设计敏感分析）、ABAQUS/（AMS 技术）、ABAQUS/Foundation（更有效地处理线性问题）。

## 7.2.2　计算模型

（1）平衡方程

$$\frac{\partial \sigma_x}{\partial x} + \frac{\partial \tau_{yx}}{\partial y} + \frac{\partial \tau_{zx}}{\partial z} + \overline{f}_x = 0 \tag{7.1}$$

$$\frac{\partial \tau_{xy}}{\partial x} + \frac{\partial \sigma_y}{\partial y} + \frac{\partial \tau_{zy}}{\partial z} + \overline{f}_y = 0 \tag{7.2}$$

$$\frac{\partial \tau_{xz}}{\partial x} + \frac{\partial \tau_{yz}}{\partial y} + \frac{\partial \sigma_z}{\partial z} + \overline{f}_z = 0 \tag{7.3}$$

式中，$\sigma_x$，$\sigma_y$，$\sigma_z$ 为 $x$，$y$，$z$ 方向上的正应力；$\tau_{yz}$，$\tau_{xz}$，$\tau_{xy}$ 为 $yz$，$xz$ 与 $xy$ 平面内的剪应力；$\overline{f}_x$，$\overline{f}_y$，$\overline{f}_z$ 为单位体积的体积力在 $x$，$y$，$z$ 方向的分量。

（2）几何方程

在微小位移和微小变形的情况下，略去位移的高阶导数项，则应变与位移之间的几何关系为

$$\varepsilon_x = \frac{\partial u}{\partial x}, \ \varepsilon_y = -\frac{\partial v}{\partial y}, \ \varepsilon_z = -\frac{\partial w}{\partial z} \tag{7.4}$$

$$\gamma_{xy} = -\left(\frac{\partial v}{\partial x} + \frac{\partial u}{\partial y}\right), \ \gamma_{yz} = -\left(\frac{\partial w}{\partial y} + \frac{\partial v}{\partial z}\right), \ \gamma_{zx} = -\left(\frac{\partial u}{\partial z} + \frac{\partial w}{\partial x}\right) \tag{7.5}$$

式中，$\varepsilon_x$，$\varepsilon_x$，$\varepsilon_z$ 为 $x$，$y$，$z$ 方向上的正应变；$\gamma_{xy}$，$\gamma_{yz}$，$\gamma_{zx}$ 为 $yz$，$xz$ 与 $xy$ 平面内的剪应变；$u$，$v$，$w$ 分别为 $x$，$y$，$z$ 三个方向上的位移。

（3）物理方程

根据塑性增量理论，各向同性材料的应力-应变关系可写成

$$\{\Delta\sigma\}=[D]\{\Delta\varepsilon\} \tag{7.6}$$

式中，$\{\Delta\sigma\}$ 为应力矩阵，$\{\Delta\varepsilon\}$ 为应变矩阵，$[D]$ 为刚度矩阵，它取决于当前与过去的应力应变状态。当根据塑性增量理论，各向同性材料的应力应变关系可写成

$$\{\Delta\sigma\}=[D_{\text{ep}}]\{\Delta\varepsilon\} \tag{7.7}$$

式中 $[D_{\text{ep}}]$ 为弹塑性系数矩阵，可表达为

$$[D_{\text{ep}}]=[D_{\text{e}}]-[D_{\text{p}}]=[D_{\text{e}}]-\frac{[D_{\text{e}}]\left\{\dfrac{\partial g(\sigma)}{\partial\sigma}\right\}\left\{\dfrac{\partial f(\sigma)}{\partial\sigma}\right\}^{\text{T}}[D_{\text{e}}]}{A+\left\{\dfrac{\partial f(\sigma)}{\partial\sigma}\right\}^{\text{T}}[D_{\text{e}}]\left\{\dfrac{\partial g(\sigma)}{\partial\sigma}\right\}} \tag{7.8}$$

$$A=F'\left\{\frac{\partial H}{\partial\varepsilon^{\text{p}}}\right\}^{\text{T}}\left\{\frac{\partial g(\sigma)}{\partial\sigma}\right\} \tag{7.9}$$

其中，$H$ 为硬化参数，$g(\sigma_{ij})$ 为塑性势函数，$f(\sigma_{ij})$ 为破坏函数。对于理想弹塑性情况，$A=0$；$\gamma$ 为重度，$E$，$\mu$ 分别为弹性模量和泊松比。

### 7.2.3　本构模型

岩土问题中的应力-应变关系非常复杂，具有非线性、弹塑性、剪胀性、各向异性、结构性和流变性等，国内外的学者提出了许多不同的土体本构模型，但大多只能模拟某类土在某种条件下的主要特性，因此选择一个合适的本构模型和选取相对真实的参数往往决定着模拟效果的好坏和计算结果的真实可靠性。ABAQUS 包含了众多的适合模拟岩土体的本构模型，本文中采用目前国内外学者常用的理想线弹塑性本构模型，下面简单介绍下 ABAQUS 中的该模型

（1）屈服准则

摩尔-库伦（M-C）屈服准则假定：某一点所受的剪应力达到该点的抗剪强度时，即发生破坏，剪切强度与该点所受的正应力成线性关系。摩尔-库伦准则是根据材料发生破坏时应力状态的摩尔圆提出来的，破坏线与所有的摩尔圆相切，如图 7.1 所示，摩尔-库伦准则为：（其中，$\tau$ 为是材料的剪切强度，$\sigma$ 是该点的正应力，$c$ 是粘聚力，$\varphi$ 是内摩擦角）

$$\tau=c+\sigma\tan\varphi \tag{7.10}$$

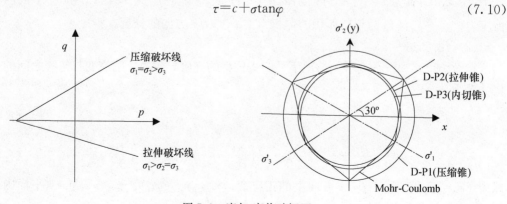

图 7.1　摩尔-库伦破坏面

从图 7.1 可得到如下关系：

$$\tau = s\cos\varphi \tag{7.11}$$

$$\sigma = \sigma_m + s\sin\varphi \tag{7.12}$$

把 $\tau$ 和 $\sigma$ 代入式（7.10），则 M-C 准则可写为

$$s + \sigma_m\sin\varphi - c\cos\varphi = 0 \tag{7.13}$$

式中，$s = (\sigma_1 - \sigma_3)/2$ 为大小主应力差的一半，即为最大剪应力，$\sigma_m = (\sigma_1 + \sigma_3)/2$ 为大小主应力的平均值。可见，M-C 屈服准则假定材料的破坏与中主应力无关，通常岩土材料的破坏受中主应力的影响较小，所以应用 M-C 模型对大多数情况具有足够的精度。

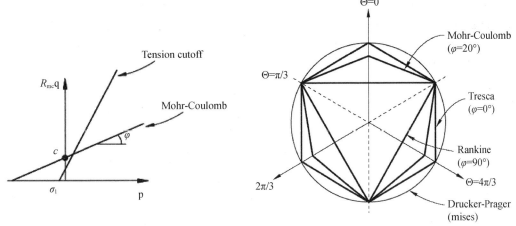

图 7.2　M-C 屈服面在子午面和 $\pi$ 平面的形状

M-C 屈服面方程可以表示为：

$$F = R_{mc}q - p\tan\varphi - c = 0 \tag{7.14}$$

其中，$p$ 是球应力，$q$ 是广义剪应力，$\varphi$ 是岩土体材料的内摩擦角，$c$ 是粘聚力；$R_{mc}(\theta, \varphi)$ 是摩尔-库伦偏应力系数，它决定了 $\pi$ 平面内的屈服面形状。显示了在子午面和 $\pi$ 平面内的摩尔-库伦屈服面形状，并对比了它与其他屈服面的相对关系。

（2）流动法则

从图 7.2 可以看出，传统的摩尔-库伦准则屈服面有尖脚，塑性流动方向不唯一，从而导致计算缓慢甚至难以收敛，ABAQUS 对经典的摩尔-库伦模型进行扩展，采用连续的光滑的势函数（在子午面上的形状为双曲线，在 $\pi$ 平面上是椭圆），如图 7.3 所示。

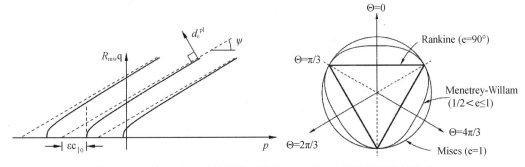

图 7.3　子午面上双曲线型流动势族和 $\pi$ 平面上流动势函数的形状

双曲线势函数方程可表示为公式（7.15）。

$$G=\sqrt{(\varepsilon c_0\tan\psi)^2+(R_{mw}q)^2}-p\tan\psi \tag{7.15}$$

其中，

$$R_{mw}(\theta,e)=\frac{4(1-e^2)\cos^2\theta+(2e-1)^2}{2(1-e^2)\cos\theta+(2e-1)\sqrt{4(1-e^2)\cos^2\theta+5e^2-4e}}R_{mc}\left(\frac{\pi}{3},\varphi\right) \tag{7.16}$$

$$R_{mc}\left(\frac{\pi}{3},\varphi\right)=\frac{3-\sin\varphi}{6\cos\varphi} \quad e=\frac{3-\sin\varphi}{3+\sin\varphi} \tag{7.17}$$

式中，$\psi$ 为子午面上高围压时是剪胀角；$c_0$ 为初始粘聚力；$\varepsilon$ 和 $e$ 为定义流动势函数在子午面和 $\pi$ 平面上的形状参数，这里 $\varepsilon$ 控制着塑性势面 $G$ 的形状及接近其渐进线（直线）的速度，通常取 0.1，而 $e$ 则控制着塑性势面 $G$ 在偏平面的扁平程度，其范围在 $1/2\leqslant e\leqslant1$，一般地取 $e=\dfrac{3-\sin\varphi}{3+\sin\varphi}$。

# 7.3　波浪作用下海底斜坡稳定性数值分析

## 7.3.1　边坡失稳判据

强度折减法是通过折减强度参数直至土体达到临界破坏状态来实施的，但如何判断土体是否达到临界失稳状态，在数值分析中主要有三种方法（栾茂田等，2004；年廷凯等，2010），如下：

（1）以数值计算收敛与否作为破坏与否的判据；

（2）以边坡特征点的位移陡增与否作为破坏与否的判据；

（3）以等效塑性应变带是否贯通作为破坏与否的判据。

这三种判据只是反映土坡临界滑动面进入塑性流动状态后发展过程的外在表征与内在本质一致性与统一性，采用三种判据得到的安全系数也相差很小（万少石等，2010）。本文采用有限元数值计算迭代不收敛作为海底斜坡稳定性的破坏判据。

## 7.3.2　基于 ABAQUS 的有限元建模

采用大型有限元程序 ABAQUS，将海底斜坡简化为平面应变问题。分析中采用服从摩尔-库伦屈服准则与非相关联流动法则的理想弹塑性本构模型来模拟土体的应力-应变关系。有限元网格参考实际工程情况进行非均匀剖分，采用 CPE8R 实体单元（8 节点 4 变形减缩积分单元）进行变形和破坏过程的非线性分析。模型参数方面，除土体重度 $\gamma$、弹性模量 $E$、泊松比 $\nu$，还需要对土体的黏聚力 $c$ 和内摩擦角 $\varphi$ 进行折减；在本文计算中，强度折减系数（$SRF$）的间隔取 0.01。

在有限元计算模型中，两侧竖向边界实施水平向位移约束，底面边界同时约束水平向与竖向位移。关于模型尺寸，竖直方向上取坡高的三倍；水平方向上，在斜坡的上部、下部两端各取斜坡长度的 1.5 倍。

### 7.3.3　波浪加载过程实施

对于静水条件的海底斜坡而言，斜坡的稳定性除了受到自身重力的影响以外，还受到水的浮力作用。通常而言，有限元分析中可以选取土体的有效重度（浮重度）或者取土体的实际重度并在水下边坡的上边界上施加静水压力这两种方法对静水场进行模拟。以往的研究表明，对于在水下土质边坡稳定性分析时，采用第一种方法（有效重度法）更加合理有效（沈明荣，2006）。因此，采用有效重度法开展海底斜坡稳定性数值分析。

对于波浪荷载，笔者采用一阶线性波浪理论，假设波浪的传播过程是正弦波的形式，由波浪引起的海底压力形式如下式所示：

$$p = \frac{\gamma_w H_w}{2cosh(\lambda d)} sin(\lambda x - \omega t) \tag{7.18}$$

由于同一周期内不同时刻的波形不同，计算时在波浪的一个传播周期内平均取八个计算时间点，分析计算波浪力在不同时刻对海底斜坡稳定性的影响，并将一个周期内计算得到的八个安全系数的最小值定义为波浪作用下的海底斜坡稳定性安全系数。需要指出，本文计算中忽略波浪变化引起的海床土体的超孔隙水压力的瞬态响应，这是因为波浪周期一般较长，3～5s，10～20s 不等，甚至更长，在周期内波浪力没有十分剧烈的变化，故采用此种加载方式是可以接受的，且在一定程度上提高了计算效率。

坡体自重和水的浮力在分析过程中一直影响坡体的整体稳定性，故将静水条件下施加荷载作为有限元分析的第一个加载步，从而得到由土体重力和水的浮力所产生的静水应力场；以波浪力作为模型上边界的超载，将计算时刻的一阶线性波模式添加于 ABAQUS 的荷载模块中，实现第二分析步中的波浪加载；将土体的黏聚力 $c$ 和内摩擦角 $\varphi$ 的折减过程作为第三个分析步进行实施。

### 7.3.4　算例对比分析

一海底斜坡，坡角 $\beta = 5°$，坡高 $H_{act} = 15m$；土体重度 $\gamma = 20kN/m^3$，土体抗剪强度参数 $\varphi = 2°$，$c = 20kPa$；变形模量 $E = 30MPa$、泊松比 $\nu = 0.3$。有限元计算模型如图 7.4 所示，以 CPE8R 单元进行剖分，共划分单元 3337 个，节点 10288 个；其中坡面附近区域进行网格细化。

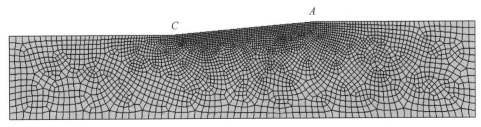

图 7.4　有限元计算模型

利用改进的大型数值软件，获得不同时刻的海底斜坡稳定性安全系数关系曲线，如图 7.5 点划线所示。计算中将一个波浪周期 $T$ 平均分为 8 个计算时刻，分别计算海底斜坡的安全系数，图 7.5 中安全系数 $FS$-时间关系曲线的最低点即是前文所定义的海底斜坡稳定性安全系数。同时，利用前文第 3 章开发的波浪荷载作用下海底斜坡稳定性的极限分析上限方法计算程序，对上述解答进行解析验证，其结果如图 7.5 实线所示。

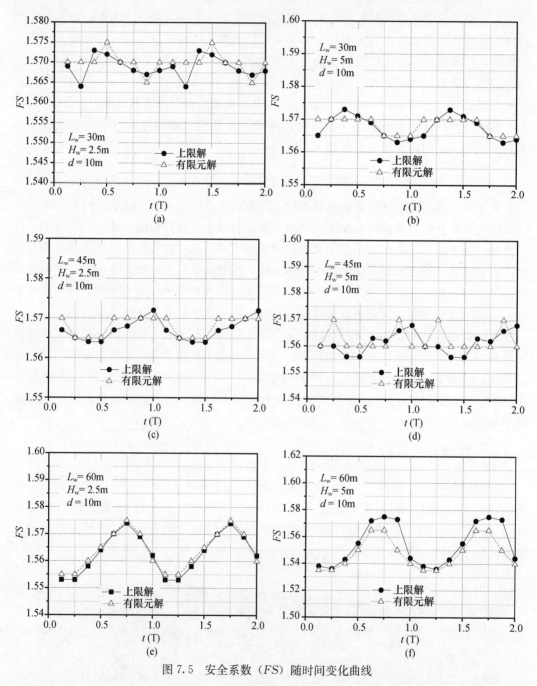

图 7.5　安全系数（FS）随时间变化曲线

从图 7.5 中上限解和有限元解的对比可见：在考虑波浪力影响时，随时间变化，海底斜坡的安全系数围绕静水条件下的安全系数（FS＝1.570）在一定范围内波动的，而随着波浪的增大，这种波动将越来越剧烈；对于不同的波浪（不同的波高和波长），计算取得最小安全系数的时刻一般不同，但在这一时刻附近计算得到的安全系数普遍较小。两种结果随时间变化的趋势大体相同，结果接近，说明计算结果合理有效。

分析图 7.5 可见，波长、波高等波浪参数对海底斜坡稳定性安全系数有较大的影响。对比图 7.5（a）与（b）、（c）与（d）、（e）与（f）可知，随着波高 $H_w$ 的增加，海底斜坡的安全系数逐渐降低；对比图 7.5（a）、（c）和（e）或对比（b）、（d）和（f）可知，安全系数也随着波长 $L_w$ 的增加而逐渐降低。常规波浪（图 7.5a～d）对于海底斜坡稳定性的影响不显著，但巨浪经过时，海底斜坡的安全系数将明显降低，甚至可能诱发大规模海底滑动（图 7.5 中 f 所示波浪 $L_w=60m$、$H_w=5m$ 代表渤海湾海域十年一遇的巨浪）。

图 7.6 给出了 $t_3$ 时刻弹塑性有限元法和极限分析上限方法计算得到的潜在滑动面（CSS）位置。从图中可知，两种方法得到的潜在滑动面的位置十分接近，且随着深度的增加，潜在滑动面的位置并没有发生显著变化，而安全系数随着深度的增加而逐渐增大，最后趋于静水条件下的稳定安全系数（1.570）。

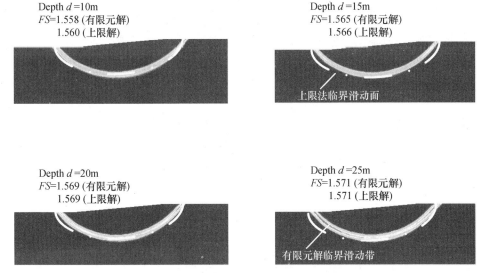

图 7.6　$t_3$ 时刻两种方法计算的得到的潜在滑动面

图 7.7 给出了在常规波浪作用下、深度 10m 处不同时刻的潜在滑动面的位置信息，计算中的波长和波高分别取为 $L_w=45m$ 和 $H_w=2.5m$。分析图 7.7 可知，在不同时刻，有限元强度折减法确定的临界滑动面的位置会有一定程度的变化，在 $t_5$ 时刻滑动面的变化最大（约扩展 2m），但相对于坡体的整体长度 171.5m 而言，这种变化依然不明显。对比波浪作用下两种方法获得的临界滑动面形状也大体相同，表明临界滑动面接近于对数螺旋面模式。

表 7.1 给出了极端波浪条件下（$L_w=80m$、$H_w=8m$）海底斜坡稳定性与潜在滑动面位置随时间的变化结果（计算深度取 $d=10m$）。分析表 7.1 可见，在极端波浪作用下，海底斜坡的临界滑动面位置随计算时刻不同而显著不同，这是因为极限分析上限法中对波浪力进行了适当简化，而这种简化在一定程度上影响潜在滑动面的位置；但计算获得的安全系数随计算时刻变化并不显著，且各时刻的安全系数均低于静水条件下的安

全系数；两种方法获得的不同时刻临界滑动面深度及其变化规律基本一致，安全系数也吻合较好。由 $L$、$S$ 及其通过的对数螺旋线控制临界滑动面，$L$ 表示坡顶与起滑点的距离，$S$ 表示坡趾与滑出点距离。

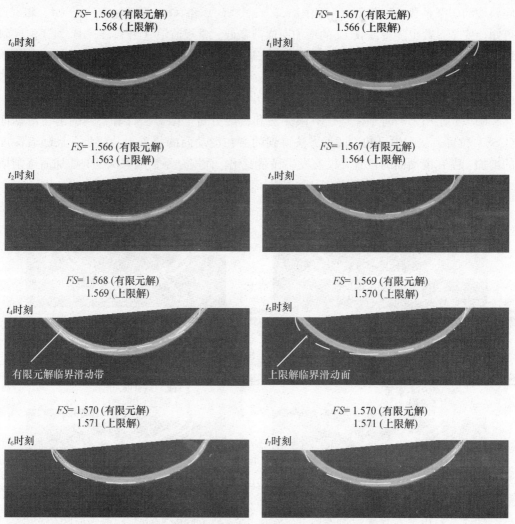

图 7.7　不同时刻潜在滑动面（CSS）的位置

**表 7.1　极端波浪条件下的潜在滑动面位置随时间的变化**

| 时刻 | | $t_0$ | $t_1$ | $t_2$ | $t_3$ | $t_4$ | $t_5$ | $t_6$ | $t_7$ | 静水 |
|---|---|---|---|---|---|---|---|---|---|---|
| 有限元法 | $L/\text{m}$ | 37.64 | 28.66 | 20.48 | 13.04 | 4.27 | 63.1 | 54.57 | 37.05 | 38.98 |
| | $S/\text{m}$ | 25.79 | 31.49 | 34.48 | 40.74 | 6.16 | 59.08 | 15.37 | 17.96 | 26.91 |
| | $FS$ | 1.449 | 1.445 | 1.457 | 1.489 | 1.53 | 1.531 | 1.497 | 1.467 | 1.57 |
| 极限分析法 | $L/\text{m}$ | 40.18 | 23.51 | 16.52 | 9.98 | 6.50 | 69.28 | 59.35 | 49.84 | 36.83 |
| | $S/\text{m}$ | 28.42 | 36.75 | 26.45 | 37.81 | 9.15 | 54.39 | 48.58 | 19.14 | 32.81 |
| | $FS$ | 1.456 | 1.465 | 1.489 | 1.529 | 1.55 | 1.538 | 1.5 | 1.474 | 1.57 |

# 7.4 波浪作用下海底斜坡实例分析

## 7.4.1 工程背景

厦门沪救码头位于厦门市湖滨海滨,附近多为填海地基,在其下常有淤泥、淤泥质土层构成的软弱下卧层,在下卧层下方一般为性质较好的残积土。厦门沪救码头附近海域在 2003 年 5 月至 6 月期间连续发生了三次规模较大的滑坡灾害,给码头作业造成了一定损失并对海上救护工作产生一定影响,引起了当地政府部门的高度重视(许文峰等,2011)。厦门沪救码头附近海域的海底地形总体上是由岸堤向其外海域倾斜。其中,近码头区域为陡峭斜坡,坡度约 20°;区域外为坡度较为平缓(5°~8°)、范围较宽的海底平台。对实际情况进行适当简化,得到有限元计算的模型如图 7.8 所示。

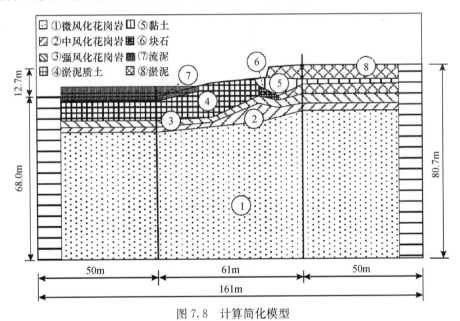

图 7.8　计算简化模型

在整个坡体区域内,大致的由上至下依次为杂填土淤泥、砂土、残积土和风化基岩。其中,全风化花岗岩层和淤泥质土层的强度差异性较大,两者的交界面是典型的软弱结构面。涉及到的土性参数详见表 7.2,表中 $c$ 为黏聚力;$\varphi$ 为内摩擦角。

表 7.2　滑坡体上的土性参数

| 土层名称 | 黏聚力 $c$（kPa） | 内摩擦角 $\varphi$（°） | 重度 $\gamma$（kN/m³） | 弹性模量 $E$（MPa） | 泊松比 $\upsilon$ |
| --- | --- | --- | --- | --- | --- |
| 流泥 | 7 | 0.6 | 14.3 | 7.35 | 0.47 |
| 杂填土 | 15 | 15.0 | 19.2 | 6.00 | 0.45 |
| 填石 | 500 | 40.0 | 23.0 | 50.00 | 0.30 |
| 淤泥 | 20 | 10.0 | 14.3 | 8.00 | 0.45 |
| 淤泥质土 | 16 | 13.0 | 17.2 | 9.15 | 0.45 |

续表

| 土层名称 | 黏聚力 $c$（kPa） | 内摩擦角 $\varphi$（°） | 重度 $\gamma$（kN/m³） | 弹性模量 $E$（MPa） | 泊松比 $\upsilon$ |
|---|---|---|---|---|---|
| 残积砂质黏性土 | 40 | 21.0 | 19.0 | 24.00 | 0.40 |
| 全风化花岗岩 | | | 20.0 | 250.00 | 0.22 |
| 砂砾状强风化 | | | 18.0 | 250.00 | 0.22 |
| 花岗岩 | | | — | | |

## 7.4.2　算例分析

根据图 7.8 中的研究对象，建立基于强度折减技术的有限元模型，对该海底斜坡稳定性进行分析。其中，模型的长度为 161m；高度为 80.7m；坡角约为 15°。分析中，采用服从摩尔-库伦破坏准则和非关联的流动法则的理想弹塑性本构模型。使用二阶四边形（8 节点）平面应变缩减积分单元（CPE8R）对网格进行结构化剖分，对软弱下卧层部分网格进行局部加密。模型中共有 2079 个单元，6422 个节点，网格剖分如图 7.9 所示。计算中，模型的底部边界进行固定约束，对左右两侧边界进行法向约束。

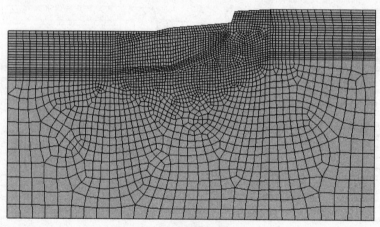

图 7.9　网格剖分图

计算中的波高取值为 2.5m，波长取值为 30m。采用以模型左侧边界上方顶点处为坐标原点的局部坐标系，依照式（7.18），将拟静波浪力以表面压力的形式进行解析型加载。考虑在不同时刻，斜坡上方的不同波形，将一个波浪周期细化为 4 个计算点分别对其进行稳定性分析，以有限元计算不收敛作为海底斜坡失稳的判据，并将不同时刻得到的最小安全系数定义为此海底斜坡的稳定安全系数。

图 7.10 给出了静水条件下的该斜坡的稳定安全系数和潜在滑动面。从图中可以看出，该边坡在静水作用下存在两条明显的潜在滑动带，第一条滑动带是从坡顶上方沿着块石区域贯通至堤坝下方，这是由于该滑动带上方坡体的坡度和土体重度较大，稳定性受重力的影响十分显著；第二条则沿着淤泥质土层与风化基岩的交界面（软弱结构面）延伸至坡趾下方，这是由于该交界面的埋置深度较浅，对海底斜坡稳定性会产生不利的影响，而这种破坏模式也与存在软弱下卧层的边坡破坏模式大体一致。

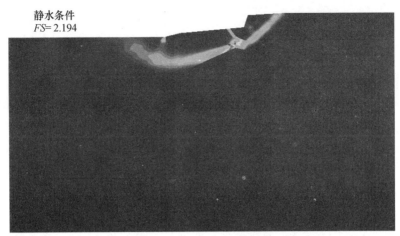

图 7.10 静水条件下的安全系数和潜在滑动带

图 7.11 给出了在不同时刻考虑波浪力作用的海底斜坡稳定安全系数和潜在滑动面的位置。从图中可知，随着波浪力的施加，海底斜坡的安全系数有一定程度的降低，$t_1$时刻的安全系数最低，达到 2.050；其他时刻的安全系数略高于这个值，但均小于静水条件下的安全系数。由此可见，波浪会使此海底斜坡趋于不稳定。

在波浪力的作用下，破坏形式大体表现为存在两条潜在滑动带的多级滑面。其中，第一条依旧是从坡顶上方沿着块石区域贯通至堤坝下方的滑动带；第二条则是沿着淤泥质土层与风化基岩的交界面（软弱结构面）延伸至坡趾下方的滑动带。对比图 7.10 与图 7.11 可以看到，在波浪的影响下，第一条滑动带没有明显的变化，这主要是因为这条滑动带上方的大部分土体地处陆域，没有受到波浪的影响，而在海域内的土体的土质较好，受波浪的影响较小。对比静水条件，第二条滑动带在不同时刻会发生明显的变化，具体表现在滑出点位置具有很强的差异性；但它们的滑动模式大体相同，均是沿两种土体材料交界面滑动一定距离后在坡趾下方剪出；这是由于此滑动带上方的土体土质较差，受波浪的影响较大，对滑动带的位置产生较大影响。从图 7.11 还可以看出，随着安全系数的增加，第二条滑动带的位置与形状越接近于静水条件下的滑动带。

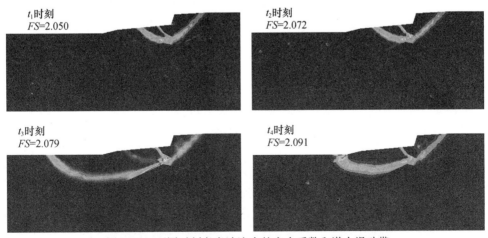

图 7.11 不同时刻考虑波浪力的安全系数和潜在滑动带

# 7.5 小 结

通过对大型有限元软件 ABAQUS 中的荷载模块添加线性波浪载荷模式，实现波浪荷载作用下的海底斜坡定时稳定性数值分析，并针对典型算例，开展基于极限分析上限方法的解析验证和变动参数比较研究，得出如下结论：

（1）海底斜坡的实时安全系数围绕静水条件下的安全系数在一定范围内波动，且随着波浪的增大这种波动愈发显著；对于不同的波浪，计算获得最小安全系数的时刻一般不同。

（2）波长、波高、水深等波浪参数对海底斜坡稳定性有较大的影响。随着波高或波长的增加，海底斜坡的安全系数逐渐降低；而随着水深的增加，安全系数逐渐增大，最后趋近于静水条件下的安全系数；常规波浪对于海底斜坡稳定性的影响不显著，但巨浪对海底斜坡的安全系数影响显著。

（3）通过分析波高、波长、水深等波浪参数对海底斜坡潜在滑动面位置与变化范围的影响，揭示同一时刻随着水深的增加，潜在滑动面的位置并无显著变化，而不同时刻潜在滑动面位置变化显著，特别的线性波加载下海底斜坡失稳滑动机制类似于对数螺线面型式。

（4）对厦门沪救码头近岸海底斜坡进行稳定性分析。分析结果表明，在波浪力的作用下，海底斜坡的稳定安全系数会有一定程度的下降；破坏形式大体表现为存在两条潜在滑动带的多级滑面。在土质较好区域的滑动面受波浪力的影响较小，而在淤泥质土等强度较低土层上方的滑动面在波浪力的作用下会发生较大的变化。对于不同的计算时刻，若安全系数越接近与静水条件的安全系数，那么它的潜在滑动面也会越接近与静水条件的潜在滑动面。

# 参 考 文 献

[1] 安晨歌，张建红，周敏，等．基于能量上限法的海底缓边坡滑坡机理分析［J］．西北地震学报，2011，33（增刊）：105-109.

[2] 常方强．波浪作用下黄河口海底滑坡研究［D］．青岛：中国海洋大学，2009.

[3] 常方强，贾永刚．黄河口粉质土海床液化过程的现场试验研究［J］．土木工程学报，2012，45（1）：121-126.

[4] 蔡峰，闫桂京，梁杰，李清，董刚．2011．大陆边缘特殊地质体与水合物形成的关系［J］．海洋地质前沿，27（6）：11-15.

[5] 陈泓君，彭学超，朱本铎，等．海洋区域地质调查与编图成果综述［J］．海洋地质与第四纪地质，2014，34（6）：83-95.

[6] 陈泓君，黄磊，彭学超，等．南海西北陆坡天然气水合物调查区滑坡带特征及成因［J］．热带海洋学报，2012，31（5）：18-25.

[7] 储宏宪，方中华，史慧杰，等．曹妃甸海底深槽斜坡稳定性分析与评价［J］．海洋工程，2016，34（3）：114-112.

[8] 曹金峰．考虑天然气水合物分解的海底斜坡稳定性分析研究［D］．青岛：青岛理工大学，2013.

[9] 陈珊珊，孙运宝，吴时国．南海北部神狐海域海底滑坡在地震剖面上的识别及形成机制［J］．海洋地质前沿，2012，28（6）：40-45.

[10] 陈卫民，杨作升．现代长江、黄河河口水下三角洲不稳定性的对比研究［J］．青岛海洋大学学报，2001，31（2）：249-255.

[11] 陈颙，陈棋福，张尉．中国的海啸灾害［J］．自然灾害学报，2007，16（2）：1-6.

[12] 陈自生．海底滑坡问题初议［C］//滑坡文集（第六集）．北京：中国铁道出版社，1988：154-160.

[13] 杜军，李培英，刘乐军．东海油气资源区海底稳定性评价研究［J］．海洋科学进展，2004，22（4）：480-485.

[14] 邓永峰，刘松玉．扰动对软土强度影响规律研究［J］．岩石力学与工程学报，2007，29（5）：697-704.

[15] 冯启民，邵广彪．小坡度海底土层地震液化诱发滑移分析方法［J］．岩土力学，2005，26（增刊）：141-145

[16] 范时清．海洋地质科学［M］．北京：海洋出版社，2004：62-71.

[17] 方中华，储宏宪．波浪作用下曹妃甸深槽斜坡的稳定性［J］．海洋地质前沿，2015，31（11）：29-35.

[18] 郭代培．两种方法模拟波浪荷载对岩质边坡作用的比较［A］．和谐地球上的水工岩石力学—第三届全国水工岩石力学学术会议［C］，2008.

[19] 顾小芸．粘质海底稳定性实例分析［J］．工程地质学报，1996，4（1）：32-38.

[20] 顾小芸．海底边坡稳定分析方法综述［J］．力学进展，1989，19（1）：50-59.

[21] 广州海洋地质调查局 & 珠江三角洲近岸海洋地质环境与地质灾害调查（内伶仃岛以南水域）成果报告［R］．广州，2005.

[22] 胡光海．东海陆坡海底滑坡识别及致滑因素影响研究［D］．青岛：中国海洋大学，2010.

[23] 胡光海，刘忠臣，孙永福，等．海底斜坡土体失稳的研究进展［J］．海洋工程，2004，23（1）：63-71.

[24] 胡光海，刘振夏，房俊伟．国内外海底斜坡稳定性研究概况［J］．海洋科学进展，2006，24（1）：130-136.

[25] 何光渝，高永利．Visual Fortran 常用数值算法集［M］．北京：科学出版社，2002.

[26] 黄建钢.论"中国国家海洋战略"——对一个治理未来发展问题的思考 [J].浙江海洋学院学报:(人文科学版),2007,24 (1):1-8.

[27] 胡涛骏,叶银灿.海底边坡稳定性分析中波浪力的求解 [J].海洋学报,2007,29 (6):120-125.

[28] 姜海西,沈明荣,程石,等.水下岩质边坡稳定性的模型试验研究 [J].岩土力学,2009,30 (7):1993-1999.

[29] 金晓杰.基于有限元强度折减法的南海某典型峡谷区斜坡稳定性评价 [D].青岛:青岛理工大学,2013.

[30] 贾永刚,懂好刚,单红仙,等.黄河三角洲粉质土硬壳层特征及成因研究 [J].岩土力学,2007,28 (10):2029-2035.

[31] 贾永刚,单红仙.黄河口海底斜坡不稳定性调查研究 [J].中国地质灾害与防治学报,2000,11 (1):4-8.

[32] 贾永刚,单红仙.现代黄河水下三角洲失稳破坏研究 [J].中国地质灾害与防治学报,2000,11 (1):1-5.

[33] 贾永刚,单红仙,杨秀娟,等.黄河口沉积物动力学与地质灾害 [M].北京:科学出版社,2011.

[34] 贾永刚,王俊超等.差异水动力导致黄河口粉质土微结构分形特征变化实例研究 [J].海洋科学进展,2004,22 (2):177-184.

[35] 寇养琦.南海北部的海底滑坡 [J].海洋与海岸带开发,1990,7 (3):48-51.

[36] 寇养琦.南海北部大陆边缘海底滑坡的初步研究 [C] //南海地质研究 (5).武汉:中国地质大学出版社,1993:43-56.

[37] 李安龙,杨荣民,曹立华,等.黄河水下三角洲海底斜坡波致稳定性分析 [J].中国海洋大学学报,2004,34 (2):273-280.

[38] 刘博.波浪作用下海底斜坡稳定性的极限分析上限法与数值分析 [D].大连:大连理工大学,2014.

[39] 刘博,年廷凯,刘敏,等.基于极限分析上限方法的海底斜坡稳定性评价 [J].海洋学报,2016,07:135-143.

[40] 刘锋.南海北部陆坡天然气水合物分解引起的海底滑坡与环境风险评估 [D].青岛:中国科学院海洋研究所,2010.

[41] 刘锋,吴时国,孙运宝.南海北部陆坡水合物分解引起海底不稳定性的定量分析 [J].地球物理学报,2010,53 (4):946-953.

[42] 李广雪,庄克琳,姜玉池.黄河三角洲沉积体的工程不稳定性 [J].海洋地质与第四纪地质,2000,20 (2):21-26.

[43] 李海东,杨作升,王厚杰,等.现代黄河水下三角洲地质灾害现象的空间分布 [J].海洋地质与第四纪地质,2006,26 (4):37-43.

[44] 李家钢,修宗祥,申宏,等.海底滑坡块体运动研究综述 [J].海岸工程,2012,31 (4):67-78.

[45] 刘凯.地震作用下锚固边坡稳定性的上限极限分析 [D].大连:大连理工大学,2015.

[46] 刘乐军.东海灾害地质分区研究的理论与实践 [D].青岛:中国科学院海洋研究所,2004.

[47] 刘乐军,李培英,李萍,等.加拿大 Coast 计划简介 [J].海洋科学进展,2004,22 (2):233-237.

[48] 刘敏,刘博,年廷凯,等.线性波浪加载下海底斜坡失稳机制的数值分析 [J].地震工程学报,2015,37 (2):415-421.

[49] 栾茂田,武亚军,年廷凯.强度折减有限元法中边坡失稳的塑性区判据及其应用 [J].防灾减灾工程学报,2004,23 (3):1-8.

[50] 李培英,李萍,刘乐军,等.我国海洋灾害地质评价的基本概念、方法及进展 [J].海洋学报,2003,25 (1):122-134.

[51] 罗强,赵炼恒,李亮,等.地震效应和坡顶超载对均质土坡稳定性影响的拟静力分析 [J].岩土力学,2010,31 (12):3835-3841.

[52] 李伟.南海北部海底滑坡的地震特征及成因分析 [D].中国科学院研究生院 (海洋研究所),2013.

[53] 李细兵,李家彪,吴自银,等.北吕宋海槽深海滑坡沉积及其分布特征 [J].海洋学报,2010,32 (5):

17-24.

[54] 刘晓丽，窦锦钟，英姿，等．波致海底缓倾角无限坡滑动稳定性计算分析［J］．海洋学报，2015，37（3）：99-105.

[55] 李银发．随机波作用下土质边坡动态稳定性分析［D］．长沙：长沙理工大学，2009.

[56] 林振宏，杨作升海岸河口区重力再沉积和底坡的不稳定性［M］．北京：海洋出版社，1990，114-124.

[57] 刘振夏，Berne S．东海陆架的古河道和古三角洲［J］．海洋地质与第四纪地质，2000，20（1）：9-14.

[58] 刘振夏．东海陆坡海底滑坡识别及致滑因素影响研究［D］．青岛：中国海洋大学，2010.

[59] 缪成章．海底滑坡及其海底管线的影响［D］．杭州：浙江大学，2007.

[60] 马云．南海北部陆坡区海底滑坡特征及触发机制研究［D］．青岛：中国海洋大学，2014.

[61] 马志华．全国海岛资源综合调查取得丰硕成果［J］．海洋信息，1996，（6）：26-27.

[62] 年廷凯．桩-土-边坡相互作用数值分析及阻滑桩简化设计方法研究［D］．大连：大连理工大学，2005.

[63] 年廷凯，万少石，蒋景彩，等．库水位下降过程中边坡稳定强度折减有限元分析［J］．岩土力学，2010，31（7）：2264-2269.

[64] 年廷凯，刘敏，刘博，等．极端波浪条件下黏土质斜坡海床稳定性解析［J］．海洋工程，2016，04：9-15.

[65] 年永吉，朱友生，陈强，等．流花深水区块典型滑坡特征的研究与认识［J］．地球物理学进展，2014，29（3）：1412-1417.

[66] 牛新生，王成善．异地碳酸盐岩块体与碳酸盐岩重力流沉积研究及展望［J］．古地理学报，2010，12（1）：17-30.

[67] 倪玉根，夏真，马胜中．与天然气水合物分解有关的海底滑坡和气候突变［J］．南海地质研究，2013，（1）：73-81.

[68] 秦柯，孙运宝，赵铁虎．南海北部陆坡神狐海域海底滑坡地球物理响应特征及其流体活动相关性［J］．海洋地质与第四纪地质，2015，35（5）：69-76.

[69] 邱燕，彭学超，朱本铎，等．南海1：100万永暑礁幅海洋区域地质调查成果［J］．地质通报，2006，25（3）：419-425.

[70] 邵广彪，冯启民，王华娟．海底缓坡场地地震侧移数值分析方法［J］．岩土力学，2006，27（9）：1401-1406.

[71] 史慧杰，褚宏宪，高小慧．海底斜坡稳定性研究进展及分析［J］．海洋地质前沿，2013，29（3）：42-45.

[72] 宋连清，叶银灿，陈锡土，等．岙山成品油码头斜坡海床稳定性研究［J］．东海海洋，1999，17（1）：28-36.

[73] 沈明荣，邓海荣．水下岩质边坡在波浪作用下的稳定性分析［J］．工程地质学报，2006，14（5）：609-615.

[74] 史文君．波浪导致黄河口水下斜坡硬壳破坏过程研究［D］．青岛：中国海洋大学，2004.

[75] 孙运宝，吴时国，王志君，等．南海北部白云大型海底滑坡的几何形态与变形特征［J］．海洋地质和第四纪地质，2008，28（6）：70-75.

[76] 孙永福，董立峰，蒲高军，等．风暴潮作用下黄河水下三角洲斜坡稳定性研究［J］．工程地质学报，2006，14（5）：582-587.

[77] 孙振娟．全球海洋地质调查［D］．北京：中国地质大学，2010.

[78] 卫聪聪．波浪导致黄河水下三角洲粉质土滑动控制及影响要素分析研究［D］．青岛：中国海洋大学．？

[79] 文畅平．多级支挡结构地震主动土压力的极限分析［J］．岩土力学，2013，34（11）：3205-3212.

[80] 吴崇泽．海洋地质灾害及其防治对策［J］．海洋学报，1993，12（4）：108-113.

[81] 王大伟，吴时国，秦志亮，等．南海陆坡大型块体搬运体系的结构与识别特征［J］．海洋地质与第四纪地质，2009，29（5）：65-72.

[82] 王军，高玉峰，高红珍．结构性软土地基施工扰动定量分析［J］．岩土力学，2005，26（5）：789-794.

[83] 王立忠，丁立，吴承章．施工扰动对软土强度的影响［J］．工业建筑，2001，31（9）：48-50.

[84] 王立忠，李玲玲．结构性土体的施工扰动及其沉降的影响［J］．岩土工程学报，2007，29（5）：697-704.

[85]  吴时国，赵汴青，伍向阳，等. 深水钻井安全的地质风险评价技术研究 [J]. 海洋科学，2007，31（4）：77-80.

[86]  吴时国，姚根顺，董冬冬，等. 南海北部陆坡大型气田天然气水合物的成藏地质构造特征 [J]. 石油学报，2008，29（3）：324-328.

[87]  吴时国，秦蕴珊. 南海陆坡大型块体搬运体系的结构与识别特征 [J]. 沉积学报，2009，27（5）：922-930.

[88]  万少石，年廷凯，蒋景彩，等. 边坡稳定强度折减有限元分析中的若干问题讨论 [J]. 岩土力学，2010，31（7）：2283-2288.

[89]  王淑云，王丽，鲁晓兵，等. 天然气水合物分解对地层和管道稳定性影响的数值模拟 [J]. 2008.

[90]  王忠涛，栾茂田，刘占阁，等. 浅水区波浪非线性效应对沙质海床动力响应的影响 [J]. 海洋工程，2005，（1）：41-46.

[91]  许国辉. 波浪导致粉质土缓坡海底滑动的研究 [D]. 青岛：中国海洋大学，2006.

[92]  许国辉，孙永福，于月倩，等. 黄河水下三角洲浅表土体的风暴液化问题 [J]. 海洋地质与第四纪地质，2011，31（2）：37-42.

[93]  徐海洋. 考虑土拱效应的抗滑桩加固边坡数值分析 [D]. 大连：大连理工大学，2012.

[94]  徐嘉信，张伶俐，张培茂. 中国近海油气田开发回顾与展望 [J]. 中国海上油气（地质），2001，15（3）：187-193.

[95]  许文峰. 厦门护救码头附近海底滑坡特征及机理 [J]. 工程地质学报，2008，16（3），319-326.

[96]  许文峰，车爱兰，王治. 地震荷载作用下海底滑坡特征及机理 [J]. 上海交通大学学报，2011，45（5）：782-786.

[97]  夏真，林静清，郑志昌，等. 珠江三角洲近岸海洋地质环境与地质灾害调查主要进展及成果 [J]. 中国地质调查，2014，1（2）：

[98]  殷建华，陈健，李焯芬. 岩土边坡稳定性的刚体有限元上限分析法 [J]. 岩石力学与工程学报，2004，23（6）：898-905.

[99]  杨林青. 海底斜坡稳定性及滑移因素分析 [D]. 大连：大连理工大学，2012.

[100]  杨晓云. 天然气水合物与海底滑坡研究 [D]. 青岛：中国石油大学，2010.

[101]  叶银灿，等. 中国海洋灾害地质学 [M]. 北京：海洋出版社，2012

[102]  尹延鸿. 海岸侵蚀和海底滑坡 [J]. 海洋地质动态，1995，8：4-6.

[103]  杨忠年，贾永刚，张琳等. 波浪导致粉质土海床破坏过程试验研究 [J]. 中国海洋大学学报，2015，45（5）：075-081.

[104]  杨作升，王涛. 埕岛油田勘探开发海洋环境 [M]. 青岛：青岛海洋大学出版社，1993：438-442.

[105]  杨作升，陈卫民，等. 黄河口水下滑坡体系 [J]. 海洋与湖沼，1994，25（6）：573-581.

[106]  杨作升，神谓铨. 黄河口水下滑坡体系 [C].//河口沉积动力学研究文集（一）. 青岛：青岛海洋大学出版社，1-132.

[107]  张丙坤，李三忠，夏真，等. 南海北部海底滑坡与天然气水合物形成与分解的时序性 [J]. 大地构造与成矿学，2014，38（2）：434-440.

[108]  朱超祁，贾永刚，刘晓磊，等. 海底滑坡分类及成因机制研究进展 [J]. 海洋地质与第四纪地质，2015，35（6）：153-163.

[109]  中国海洋学会. 21世纪中国海洋科学与技术展望 [M]. 北京：海洋出版社，1998.

[110]  中国油气勘探. 第四卷 [M]. 石油工业出版社，1999.

[111]  张恒，来向华，廖林燕，等. 基于强度折减法的海底边坡三维稳定性分析 [J]. 水运工程，2016，4：148-159.

[112]  周建平，陶春辉，顾春华，等. 印尼海啸区附近海域沉积物声速测量及声学特性分析 [J]. 海洋学报，2008，30（3）：56-61.

[113]  朱林，傅命佐，刘乐军，等. 南海北部白云凹陷陆坡海底峡谷地形地貌与沉积地层特征 [J]. 海洋地质与

第四纪地质，2015，34（2）：1-9.

[114] 张亮，栾锡武. 南海北部陆坡稳定性定量分析 [J]. 地球物理学进展，2012，27（4）：1443-1453.

[115] 张民生. 波浪作用下黄河三角洲海床稳定性研究 [D]. 青岛：中国海洋大学，2006.

[116] 周庆杰. 南海北部陆坡白云凹陷区海底滑坡的识别与特征分析 [D]. 青岛：国家海洋局第一海洋研究所，2015.

[117] 周其坤，孙永福，胡光海，等. 孟加拉湾 MADE KYUN 河三角洲海底斜坡稳定性数值分析 [J]. 海洋科学进展，2014，32（3）：356-362.

[118] 张树林. 珠江口盆地白云凹陷天然气水合物成藏条件及资源量前景 [J]. 中国石油勘探，2007（6）：23-27.

[119] 赵尚毅，郑颖人，时卫民，等. 用有限元强度折减法求边坡稳定安全系数 [J]. 岩土工程学报，2002，24（3）：343-346.

[120] 张伟，陈正汉，黄建南，等. 厦门近岸海床稳定性分析 [J]. 水利与建筑工程学报，2005，2（1）：45-48.

[121] 郑文杰. 现代黄河三角洲沉积物波浪动力响应过程对其再悬浮控制作用研究 [D]. 青岛：中国海洋大学，2013.

[122] 赵维霞，杨作升，冯秀丽. 埕岛海区浅地层地质灾害因素分析 [J]. 海洋科学，2006，30（10）：20-24.

[123] 周育峰. 边坡稳定性的可靠度分析 [J]. 公路，2003，9：80-83.

[124] 张永明，毕建强，孙圣堂，等. 青岛崂山头海域海底滑坡的声波探测 [J]. 工程地球物理学报，2012，9（2）：170-174.

[125] 张延清. 面向二十一世纪的中国海洋地质调查 [J]. 中国国土资源经济，2013，11：31-34.

[126] 郑颖人，赵尚毅，邓楚键，等. 有限元极限分析法发展及其在岩土工程中的应用 [J]. 中国工程科学，2007，8（12）：39-61.

[127] Ausilio E，Conte E，Dente G. Stability analysis of slopes with piles [J]. Computers and Geotechnics，2001，28（8）：591-611.

[128] Azizian A，Popescu R. Back analysis of the 1929 GrandBanks Submarine Slope Failure [A]. Proceedings of 54th Canadian Geotechnical Conference [C]. Calgary：[s. n.]，2001，808-5.

[129] Azizian A，Popescu R. Finite element simulation of retrogressive failure of submarine slopes [C]//First International Symposium on Submarine Mass Movements and Their Consequences. 2003：11-20.

[130] Azizian A，popescu R. Three-dimension seismic analysis of submarine slopes [J]. Soil Dynamics and Earthquake Engineering，2006，26：870-887.

[131] Azizian A. Seismic analysis of submarine slopes：retrogressive and three-dimensional effects. Ph. D. thesis，Memorial University of Newfoundland，St. John's，NL，Canada，January 2004.

[132] Bea R G，Arnold P G. Movement and forces developed by wave induced slides in soft clay [C]//Offshore Technology Conference. Offshore Technology Conference，1973.

[133] Bea R G. How sea floor slides affect offshore structures [J]. Oil and Gas Journal，1971，69（48）：88-92.

[134] Boulanger E，Konrad J M，Locat J，et al. Cyclic behavior of Eel River sediments：a possible explanation for the paucity of submarine landslide features. American Geophysical Union San Francisco [C]//EOS，Abstract. 1998，79：254.

[135] Bruce H，Manon M，Locat J，et al. High-resolut ion three-dimensional seismic surveying of submarine landslides：Rationale and challenges [C]. Proceedings of the 54rd Canadian Geotechnical Conference. Calgary，Canada：[s. n.]，2001：738-742.

[136] Chen W F. Limit analysis and soil plasticity [M]. Elsevier Science Publishing Company，1975.

[137] Canals M，Lastras G，Urgeles R，et al. Slope failure dynamics and impacts from seafloor and shallow sub-seafloor geophysical data：case studies from the COSTA project [J]. Marine Geology，2004，213（1）：9-72.

[138] Clarke J E H, Mayer L A, Wells D E. Shallow-water imaging multi beam sonar: a new tool for investigating seafloor processes in the coastal zone and on the continental shelf [J]. Marine Geophysical Researches, 1996, 18 (6): 607-629.

[139] Cornforth D H, Lowell J A. The 1994 submarine slope failure at Skagway, Alaska [J], Landslides, 1996, 1: 527-531.

[140] Coleman. Proto-Industrialization: A Concept Too Many [J]. The Economic History Review, 1983, 36 (3): 435-448.

[141] Dott Jr R. Dynamics of subaqueous gravity depositional processes [J]. AppG BUlletin, 1963, 47 (1): 104-128.

[142] Dawson A G, Long D, Smith D E. The Storegga slides: evidence from eastern Scotland for a possible tsunami [J]. Marine Geology, 1988, 82 (3): 271-276.

[143] Dawson E M, Roth W H, Drescher A. Slope stability analysis by strength reduction [J]. Geotechnique, 1999, 49 (6): 835-840.

[144] Dan G, Sultan N, Savoye B. The 1979 Nice harbour catastrophe revisited: Trigger mechanism inferred from geotechnical measurements and numerical modelling [J]. Marine Geology, 2007, 245 (1): 40-64.

[145] Earle M D. Extreme wave conditions during Hurricane Camille [J]. Journal of Geophysical Research, 1975, 80 (3): 377-379.

[146] Evans D, King E L, Kenyon N H, et al. Evidence for long-term instability in the Storegga Slide region off western Norway [J]. Marine Geology, 1996, 130 (3): 281-292.

[147] Field M E, Edwards B D. Slopes of the southern California continental borderland: A regime of mass transport [J]. 1980.

[148] Griffith D V, Lane P A. Slope stability analysis by finete elements [J]. Géotechnique, 1999, 49 (3): 387-403.

[149] Hassiotis S, Chameau J L, Gunaratne M. Design method for stabilization of slopes with piles [J]. Journal of Geotechnical and Geoenvironmental Engineering, ASCE, 1997, 123 (4): 314-323.

[150] Hassiotis S, Chameau J L, Gunaratne M. Design method for stabilization of slopes with piles (closure) [J]. Journal of Geotechnical and Geoenvironmental Engineering, ASCE, 1999, 125 (10): 913-914.

[151] Hance J J. Development of a database and assessment of seafloor slope stability based on published literature [D]. University of Texas at Austin, 2003.

[152] Heezen B C, Drake C L. Grand Banks Slump: GEOLOGICAL NOTES [J]. AAPG Bulletin, 1964, 48 (2): 221-225.

[153] Heezen B C, Ewing W M. Turbidity currents and submarine slumps, and the 1929 Grand Banks earthquake [J]. American Journal of Science, 1952, 250 (12): 849-873.

[154] Hutton E WH, James P, Syvitski M. Advances in the numerical modeling of sediment failure during the development of a continental margin [J]. Marine Geology, 2004, 203: 367-380.

[155] Hampton M A, Lee H J, Locat J. Submarine landslides [J]. Reviews of geophysics, 1996, 34 (1): 33-59.

[156] Haeussler P, Lee H, Ryan H, Labay K, Suleimani E, Kayan R, Submarine landslides and tsunamis at Seward and Valdez Triggered by the 1964 Magnitude 9.2 Alaska Earthquake [A]. Alaska Geology, Newsletter of the Alaska Geological Society, 2008, 39 (2): 1-2.

[157] Hühnerbach V, Masson D G. Landslides in the North Atlantic and its adjacent seas: an analysis of their morphology, setting and behaviour [J]. Marine Geology, 2004, 213 (1): 343-362.

[158] Hong Z, Onitsuka K A. A method of correcting yield stress and compression index of Ariake clayes for sample disturbance [J]. Dam Observation and Soil Testing, 2000, 24 (2): 8-10.

[159] Haflidason H, Sejrup H P, Nyg? 偩 rd A, et al. The Storegga Slide: architecture, geometry and slide de-

velopment [J] . Marine Geology, 2004, 213 (1): 201-234.

[160] Henkel D J. The role of waves in causing submarine landslides [J] . Geotechnique, 1970, 20 (1): 75-80.

[161] Heureux J, VAnneste M, Rise L, et al. Stability, mobility and failure mechanism for landslides at the upper continental slope off vesteralen, norway [J] . Marine Geology, 2013, 346: 192-207.

[162] Hu G H, Zhong D L, Classification of failure process of submarine soil and its acoustic characteristics [J]. Chinese Journal of Geological Hazard and Control, 2004, 15 (3): 91-95.

[163] Johns, M W, Prior, B D, Bornhold, J M etal. Coleman and Bryant, W. R., 1986, Geotechnical aspects of a submarine slope failure, Kitimat Fjord, British Columbia, Mar. Geotechnol, 1986, 6 (3): 243-279.

[164] Ikari M J, Strasser M, Saffer D M, et al. Submarine landslide potential near the megasplay fault at the Nankai subduction zone [J] . Earth and Planetary Science Letters, 2011, 312: 453-462.

[165] Karlsrud K, Edgers L. Some aspects of submarine slope stability [M | //Marine slides and other mass movements. Springer US, 1982: 61-81.

[166] Karal K. Energy method for soil stability analysis [J] . Journal of the Geotechnique, 1995, 45 (2): 283-293.

[167] Kawamura K, Laberg J, Kanamatsu T, et al. 活跃陆缘可致海啸的海底滑坡 [J] . 世界地震译丛, 2015, (2): 170.

[168] Kalligeris N. Submarine landslides and tusnami [D] . Department of Environmental Engineering Technical University of Crete, 2010.

[169] Kawamura K, Sasaki T, Kanamatsu T, et al. Large submarine landslides in the japan trench: a new scenario for additional tsunami genaration [J] . Geophysical Research Letters, 2012, 39 (5): 168-175

[170] Kim J M, Salgado R, Lee J H. Stability analysis of complex soil slopes using limit analysis [J] . Journal of Geotechnical and Geoenvironmental Engineering, 2002, 128 (7): 546-557.

[171] Li X P, He S M, Wang C H. Stability analysis of slopes reinforced with piles using limit analysis method [C] //Advances in Earth Structures@ Research to Practice. ASCE, 2006: 105-112.

[172] Locat J, Lee H J. Submarine landslides: advances and challenges [J] . Canadian Geotechnical Journal, 2002, 39 (1): 193-212.

[173] Leynaud D, Mienert J, Nadim F. Slope stability assessment of the Helland Hansen area offshore the mid-Norwegian margin [J] . Marine Geology, 2004, 213: 457-480.

[174] Locat J, Sanfacon R. Multibeam surveys: A major tool for geoscience [C] MProceedings of the Canadian Hydrographic Society. Montreal, Canada: [ s. n. ], 2000: 1- 11.

[175] Lee, H J, Schwab, W C, and Booth, J S, 1993, Submarine landslides: an introduction: in Schwab, W C, Lee, H J, and Twichell, D C, eds, Submarine landslides: selected studies in the U. S. exclusive economic zone: U. S. Geological Survey Bulletin 2002, p. 1-13.

[176] Matsumoto H, Baba T, Kashiwase K, et al. Discovery of submarine landslide evidence due to the 2009 Suruga Bay earthquake [J] . Advances in Natural and Technological Hazards Research, 2011, 31: 549-559.

[177] Mulder T, Cochonat P. Classification of offshore mass movements [J] . Journal of Sedimentary Research, 1996, 66 (1): 43-47.

[178] Masson D G, Harbitz C B, Wynn R B, et al. Submarine landslides: processes, triggers and hazard prediction [J] . Philosophical Transactions of the Royal Society A: Mathematical, Physical and Engineering Sciences, 2006, 364 (1845): 2009-2039.

[179] Miller T W, Hamilton J H. A new analysis procedure to explain a slope failure at the Martin Lake mine [J]. Geotechnique, 1989, 39 (1): 107-123.

[180] Michalowski R L. Limit analysis of slopes subjected to pore pressure [A] . Proceedings of the 9th International Computer Methods and Advances in Geomechanics [C] . Balkema, Rotterdam, 1994, 2477-2482.

[181] Mosher D C, Moscardelli L, Shipp R C, et al. Submarine mass movements and their consequences [M]. Springer Netherlands, 2010.

[182] Marsset T, Marsset B, Thomas Y, et al. Analysis of Holocene sedimentary features on the Adriaticshelf from 3D very high resolution seismic data (Triad survey) [J]. Mmine geology, 2004, 213 (1): 73-89.

[183] McAdoo B G, Pratson L F, Orange D L. Submarine landslide geomorphology, US continental slope [J]. Marine Geology, 2000, 169 (1): 103-136.

[184] Moore D G. Submarine slides [J]. Developments in Geotechnical Engineering, 1978, 14: 563-604.

[185] Mosher D C. Series international year of planet earth 7. oceans: submarine landslides and consequent tsunamis in Canada [J]. Geoscience Canada, 2009, 36 (4): 1-13.

[186] Matsui T, San K C. Finite Element Slope Stability Analysis by Shear Strength Reduction Technique [J]. Soils and Foundations, 1992. 32 (1): 59-70.

[187] MacPherson H. Wave forces on pipeline buried in permeable seabed [J]. Journal of the Waterway Port Coastal and Ocean Division, 1978, 104 (4): 407-419.

[188] Milkov A V. Wordwide distribution of submarine mud volcanoes andassociated gas hydrates [J]. Marine Geology, 2000, 167: 29-42.

[189] Moscardeli L, Wood L. New classification system for mass transport complexes in offshore trinidas [J]. Basin Research, 2008, 20 (1): 73-98.

[190] Nian T K, Chen G Q, Luan M T, et al. Limit analysis of the stability of slopes reinforced with pilesaginst landslide in nonhomogeneous and anisotropic soils [J]. Canadian Geotechnical Journal, 2008, 45 (8): 1092-1103.

[191] Nian T K, Liu B, Wang D, Song L, Liu M. Numerical analysis of stability of seafloor slope under linear waves [A]. Frontiers in Offshore Geotechnics III - 3rd International Symposium on Frontiers in Offshore Geotechnics, ISFOG 2015, p987-992, June 10-12, 2015, Oslo, Norway; Editors by Meyer et al, 2015 Taylor & Francis Group, London. ISBN: 978-1-138-02848-7.

[192] Naedin T R, Hein F J, Gorsline D S, et al. Review of mass movement processes sediment acoustic characteristics and contrasts in slope and base-of- slope systems Versus Canyon-Fan-Basin floor Systems [J]. Special Publications of SEPM, 1979 (27): 61-73.

[193] Nagaraj T S, Miura N, Ghung S G, el al. Analysis an assessment of sampling disturbance of soft sensitive clays [J]. Geotechnique, 2003, 53 (7): 679-683.

[194] Okusa S, Nakamura T, Fukue M. Measurements of wave-induced pore pressure and coefficients ofpermeability of submarine sediments during reversing flow [M] //Seabed Mechanics. Springer Netherlands, 1984: 113-122.

[195] Prior D B, Coleman J M. Active slides and flows in underconsolidated marine sediments onthe slopes of the Mississippi Dela [A]. In: Marine Slides and Other Mass Movements. Ed. Saxov S. and J K Nieuwenhius, 1982, 21-49.

[196] Prior D B, Bornhold D C, Coleman J M. Morphology of a submarine slide, Kitimat Arm, British Columbia [J]. Geology, 1982, 10: 588-592.

[197] Prior D B. 1984. Subaqueous landslides [A]. //Proceedings of the 4th International Symposium on Landslides. Toronto, 2: 179 - 196.

[198] Piper D J W, Cochonat P, Morrison M L. The sequence of events around the epicentre of the 1929 Grand Banks earthquake: initiation of debris flows and turbidity current inferred from sidescan sonar [J]. Sedimentology, 1999, 46 (1): 79-97.

[199] Parker E J, Traverso C M, Moore R, et al. Evaluation of landslide impact on deepwater submarine pipelines [C]. Offshore Technology Conference. Offshore Technology Conference, 2008.

[200] Pettijohn F J, Potter P E, Siever R. Sand and Sandstone [M]. New York: Springer, 1972: 618.

[201] Qui Q. On the background and seismic activity of the M= 7. 8 Tangshan earthquake, Hopei Province, of July 28, 1976 [J]. Acta Geophys. Sinica, 1976, 19: 259-269.

[202] Rafael R O, Farrokh N, Michael A H. Influence of weak layers on seismic stability of submarine slopes [J]. Marine and Perroleum Geology, 2015, 65: 247-268.

[203] Summerhayes C P, Bornhold B D, Embley R W. Surficial slides and slumps on the continental slope and rise of South West Africa: A reconnaissance study [J]. Marine Geology, 1979, 31 (3): 265-277.

[204] Shanmugam G. The landslide problem [J]. Journal of Palaeogeography, 2015, 4 (2): 109-66.

[205] Strasser M, Koelling M, Ferreira S, et al. Aslump in the trench: Tracking the impact of the 2011 Tohoku-oki earthquake [J]. Geology, 2013, 41 (8): 95-938.

[206] Sultan N, Cochonat P, Foucher J P, et al. Effect of gas hydrates melting on seafloor slope instability [J]. Marine Geology, 2004, 213 (1): 379-401.

[207] Sultan N, Cochonat P, et al. Evaluation of the Risk of Marine Slope Instability: A Pseudo-3D Approach for Application to Large Areas [J]. Marine Georesources and Geotechnology, 2007, 19 (2): 107 - 133.

[208] Saxov S. Marine slides-Some introductory remarks [J]. Marine Geotechnology, 1990, 9: 110-14.

[209] Tappin D R, Matsumoto T, Watts P, et al. Sediment slump likely caused 1998 Papua New Guinea tsunami [J]. Eos, Transactions American Geophysical Union, 1999, 80 (30): 329-340.

[210] Terzaghi K. Varieties of submarine slope failures: Proceedings of Eighth Texas Conference on Soil Mechanics and Foundation Engineering [J]. Special Publication, 1956, 29: 14-15.

[211] Tinti S, Manucci Ai, Pagnoni G. The 30 December 2002 landslide-induced tsunamis in Stromboli: sequence of the events reconstructed from the eyewitness accounts [J]. Natural hazards and earth system science, 2005, (5): 763-775.

[212] Urgeles R., Canals M, et al. The most recent megaland slides of the Canary Islands: El Golfo Mdebris avalanche and Canary debris flow, west El Hiero Island. Geophysic Research, 1997.

[213] Viratjandr C, Michalowski R L. Limit analysis of submerged slopes subjected to water drawdown [J]. Canadian Geotechnical Journal, 2006, 43 (8): 802-812.

[214] Wells J T, Prior D B, Coleman J M. Flowslides in muds on extremely low angle tidal flats, northeastern South America [J]. Geology, 1980, 8 (6): 272-275.

[215] Weimer P, Slatt R M, Bouroulllec R. Introduction to the petroleum geology of deepwater settings [M]. Tulsa: AAPG and Datapages, 2007: 419.

[216] Wynn R B, Masson D G, Stow D A, et al. The Northwest African slope apron: a modern analogue for deep-water systems with complex seafloor topography [J]. Marine and Petroleum Geology, 2000, 17 (2): 253-265.

[217] Wright S G. Analysis for wave induced seafloor movements [C] //Offshore Technology Conference. Offshore Technology Conference, 1976.

[218] Yin P, Berne B, et al. Mud volcanoes at the shelf margin of the East China Sea [J]. Marine Geology, 2003, 194: 135-149.

[219] Zhao L, Li L, Yang F, et al. Upper bound analysis of slope stability with nonlinear failure criterion based on strength reduction technique [J]. Journal of Central South University of Technology, 2010, 17: 836-844.

[220] Zienkiewicz O C, Humpheson C, Lewis R W. Associated and non-associated viscoplasticity and plasticity in soil mechanics [J]. Géotechnique, 1975, 25 (4): 671-689.